生活智慧

主编◎王荣泰 陈金伟

新 华 出 版 社

图书在版编目（CIP）数据
生活智慧 / 王荣泰，陈金伟主编. ——北京：新华出版社，2015.7
ISBN 978-7-5166-1860-8
Ⅰ.①生… Ⅱ.①王… ②陈… Ⅲ.①生活—知识—普及读物 Ⅳ.①TS976.3—49

中国版本图书馆CIP数据核字（2015）第158730号

生活智慧
主　　编：王荣泰　陈金伟

出 版 人：张百新　　选题策划：要力石
责任编辑：张永杰　　封面设计：马文丽
责任印制：廖成华

出版发行：新华出版社
地　　址：北京市石景山区京原路8号　　邮　　编：100040
网　　址：http://www.xinhuapub.com　　http://press.xinhuanet.com
经　　销：新华书店
购书热线：010-63077122　　中国新闻书店购书热线：010-63072012

照　　排：尹　鹏
印　　刷：北京凯达印务有限公司

成品尺寸：145mm×210mm
印　　张：10　　字　　数：200千字
版　　次：2015年7月第一版　　印　　次：2015年7月第一次印刷

书　　号：ISBN 978-7-5166-1860-8
定　　价：28.00元

序

梁　衡

什么是阅读，阅读就是思考，是有目的的，带着问题看，是一个思维过程。广义地说，人有六个阅读层次，前三个是信息、刺激、娱乐，是维持人的初级的浅层的精神需求，后三个是知识、思想、审美，是维持高级的深层次的精神需求。

一个经济体量巨大的国家，应该有与之相匹配的阅读生态。“一个不读书的民族，是没有希望的民族。”遍观周遭，浅阅读、碎片化阅读盛行，深阅读、慢阅读成为稀见之事。物质的繁荣替代不了精神的丰富，浅阅读也构建不起基础牢固的精神世界。人要多一些含英咀华来涵养自己。读文学，可以陶冶情操，滋养情怀；读历史，可以鉴古知今，明得失，知兴衰；读哲学，可以把握规律，增长见识。

心理学研究表明，一个人的思想意识、行为方式的养成，需要经历服从、认同、内化三个阶段。习近平总书记这样谈读书的作用:“读书可以让人保持思想的活力，让人得到智慧启发，让人滋养浩然之气。”在今年的《政府工作报告》中，李克强总理说：“阅读作为一种生活方式，把它与工作方式相结合，不仅会增加发展的创新力量，还会增强社会的道德力量。”阅读对于每个人来说，都会持续释放出个人潜在的极大力量。

《中国剪报》创办 30 年的历程，记录着社会进步，文化发展的变迁，也是 30 年来社会阅读精神史的记录。

《中国剪报》经新闻出版署正式批准于 1991 年元旦创刊，在全国率先开发报刊信息资源、服务经济建设。次年 5 月，《中国剪报》编辑部迁至北京。

30 年来，《中国剪报》始终坚持“集千家精华，成一家风骨”的办报宗旨，立足主流媒体，把握正确导向，传递有效信息，传播适用知识，面向中老年读者。共刊发文章 30 万篇，文字总量 1.5 亿，发行总数达 16 亿份。为了适应中青年读者的需要，中国剪报社在 2005 年又创办了面向全国发行的《特别文摘》杂志。

《中国剪报》和《特别文摘》十分重视与读者互动，广泛征求读者对报刊的意见建议，自 1992 年以来已连续举办 23 届读者节活动，共投入资金 240 万元，参与人数达 45 万人次，获奖人数达 3.4 万，受到读者的普遍好评。中国剪报社还主动承担企业的社会责任，积极支持公益事业，先后在中国共产党早期领导人瞿秋白的纪念馆竖立“觅渡、觅渡、渡何处”的巨石文碑，在江西井冈山和云南大理捐建希望小学，向灾区捐款献爱心等，受到各界人士好评。社长王荣泰被中国报业协会授予“中国杰出报人奖”，报社荣获“中国报业经营管理奖”。

今年适逢《中国剪报》创办30周年。30年来我一直是这张报纸的读者、作者和朋友，见证了她的成长。现在，报社从《中国剪报》和《特别文摘》中精选出了近3000篇文章，编辑两套丛书共16本，既有经典美文，也有平凡故事；既有读史新见，也有百科揭秘；还有生活之道，健康智慧，等等。作为编辑部回报读者的礼物，也是向社会上所有关心过本报的人们的汇报。目前，“书香中国”“全民阅读”正方兴未艾。期望这两套丛书能为每个人的精神成长、社会文明增添新助力，贡献正能量。

家电知识

汽车知识

法律知识

礼仪知识

理财知识

职场知识

家电知识

家庭用品的丢弃法则

电热水器。使用期限：10 ~ 12 年。丢弃有理：电热水器内部有一关键性部件——阻止腐蚀内胆的镁棒。使用时间过长，其内胆壁与水接触后使内胆壁发生氧化腐蚀作用，而镁棒的作用是代替钢板被腐蚀掉，从而达到保护内胆的目的。电热水器中的镁棒应两年更换一次。

洗衣机。使用期限：10 ~ 12 年。丢弃有理：大部分的洗衣机构件都是塑料的，时间长了就会老化。内部的电器元件老化后很可能导致漏电，传到洗衣机的外壳或洗衣筒内的水中，很容易发生事故。

燃气热水器。使用期限：5 ~ 6 年。丢弃有理：家用燃气热水器，在每年至少一次的专业维护前提下，使用年限 5~6 年。超过这个期限，且常年不维护的燃气热水器，燃烧率仅为出厂时的 50%，耗气量也提高了一倍。

煤气灶。使用期限：6 ~ 8 年。丢弃有理：人工燃气灶具使用 6 年即可报废，石油天然气灶具使用 8 年即可报废。燃气灶超年限后，大多数部件已经严重老化、变形，易引发各种严重事故。

吸油烟机。使用期限：7 年。丢弃有理：传统油烟机到达使用期限，烟机体内沉积的一些无法清洗的油污，遇热挥发可能诱发致癌有害物质，影响健康。

电冰箱、空调。使用期限：13 ~ 16 年。丢弃有理：如果超期使用，管道腐蚀很容易造成氟泄漏，不仅制冷效果下降，而且对环境也有破坏作用。

新家电也要注意保养

电视不怕看就怕闲。节假日，由于商家促销力度大，很多消费者会在促销期买回价格较为合适却并不急用的家电。但只有在工作过程中，电视机产生的热量才能够将附着在电路板上的水汽排干，防止各元器件连电。所以，每天看几小时电视对电视机本身是有益的。

新空调进家先“冲澡”。新空调进家后也该先“冲个澡”。因为新空调在出厂前须经过运行测试，其中可能沾染了不洁物质。如果不“冲澡”就使用，会导致室内空气质量不好，还会影响制冷或制热效果。清洗的部位主要是过滤网，用清水冲洗或用吸尘器清洁即可。

电热水器用前先“热身”。新热水器加热时最好加热到保温的程度，经 3 ~ 5 小时的保温，并且将水全用光后，再进行加热、保温。经过 3 ~ 5 次这样的循环，热水器就达到了最佳的使用状态。

新冰箱别装太满。对于新冰箱来说，装食物装到容积的 2/3 就应该住手了，否则不利于冷空气对流，会加重机组负荷，不仅费电还“减寿”。

家庭用电误区

1. 有些人用电饭锅煮米饭，插上插销就去忙别的事了，过了很久才回来把插销拔下来。其实，当电饭锅内温度下降到70℃以下时会连续自动通电，既浪费电又减少使用寿命。

2. 有的人家里因为空间有限，就把空调安在窗台上。其实这样不利于降低开机率，由于“冷气往下，热气往上”的原理，所以如果把空调安在窗台上，抽出的空气温度低，等于空调在做无功损耗，当然就费电了；另外，空调千万别加装稳压器，因为它是日夜接通线路的，即使空调不用时也相当耗电。

3. 有些人认为冰箱里放东西多少耗电量是一样的，也有些人觉得我放的东西越少就越省电，其实不然。放东西不能过少，否则热容量就会变小，压缩机开停时间也随着缩短，累计耗电量就会增加，所以如果冰箱里食品过少时，最好用几只塑料盒盛水放进冷冻室内冻成冰块，然后定期放入冷藏室内，增加容量，比较省电。当然，放的东西也不能过多，不要超过冰箱容积的80%，否则也会费电。另外，食品之间应该留有10毫米以上的空隙，这样利于冰箱内冷空气对流，使冰箱内温度均匀稳定，减少耗电。

买静音家电要看噪声指标

走进家电卖场，会看到冰箱、洗衣机、电视机等都有相关静音的宣传，如超低音的洗衣机、静音的空调等都成为厂商的热卖机型。记者注意到，虽然厂商对这些产品的静音特性做了大量宣传，至于静音能静到什么程度并无具体的规定。

据了解，国家只出台了《家用和类似用途电器噪声限值》，如规定洗衣机的洗涤噪声最高限值为 62 分贝、脱水噪声最高限值为 72 分贝；250 升以上的冰箱噪声限值为 48 ～ 55 分贝等。而对于静音，国家并未出台相关的标准。

因此，消费者在购买产品时，切勿盲目听信“超静音”产品宣传，应注意询问产品的噪声指标，仔细查看产品的说明书，不要轻信销售员的一面之词。

厨房电器摆放有讲究

一、微波炉。微波炉使用最多的情况一般是对冰箱内的食物进行加工，所以，它应靠近冰箱。

二、烤箱。烤箱的位置最好不要在地柜里，因为烤箱为下翻门，如高度设计过低需要下蹲弯腰才能进行操作。因此，最好将烤箱设计在高柜里，距地面1.2米的高度。

三、消毒柜。消毒柜设计在水槽与灶具的中间，在水槽洗涤过碗筷后放在右手边的消毒柜里进行消毒。烹饪时也可以十分方便地从左手边的消毒柜里拿碗盘。

电器摆放有讲究

电视机旁不宜摆放花卉、盆景。一方面潮气对电视机有影响；另一方面，电视机的X射线的辐射，会破坏植物生长的细胞正常分裂，以致花木日渐枯萎、死亡。

电视机不宜与大功率音响或电风扇放在一起。否则音响和电风扇将震动传给电视机，容易将电视机显像管灯丝震断。

使用电褥子的时候，切忌将电子表或电子计算机放在枕头底下。电子表和电子计算机最怕高温，高温或日光直晒均会使液晶显示日益变黑，字迹不清。最后完全失效。

洗衣机切忌放在潮湿的厕所、厨房等处。长期在潮湿环境下放置，铁皮会锈蚀，同时内部电动机和电器控制部分也将受到潮气侵袭，易使功能出现障碍。

电烤箱、电饭煲等大功率电热炊具，不能放得离电源插座太远。因为线长和经常移动会引起电线外皮老化、脱落，容易造成触电事故或引起火灾。

健康家电还得健康使用

健康冰箱并非保险箱。这里说的健康冰箱是指现在市场上比较流行的抑菌、保鲜冰箱。这种冰箱的特点是不仅可以很好地维持食物的新鲜程度，同时还可有效杀菌，保证食物的存储安全。但是不要以为家里拥有这样一款冰箱就可以高枕无忧了。

中国疾病控制中心营养与食品安全所专家何梅表示，不管什么样的冰箱对食物的储存都有时间限制，如生鲜肉营养丰富，微生物生长繁殖快，加上本身的酶，常温下非常容易腐败变质，因此需要低温冷冻保存，储存温度一般以－18℃～－10℃为宜。

冷藏时要注意生熟分开存放，在不能分开时，也要将熟食或剩饭剩菜放在上面，存放的顺序从上到下依次为剩饭、剩素菜、荤菜、生菜。

何梅提醒消费者，即使是具有消毒杀菌功能的冰箱，定期清洗冰箱内壁也很重要。因为健康冰箱的健康功能毕竟有限，并不能杀死所有的细菌。

健康洗衣机杀菌能力有限。现在很多洗衣机都在宣传洗净率的基础上鼓吹健康功能，名目有臭氧杀菌、银离子杀菌等，声称能够有效杀死衣服上的细菌，并能防止洗衣机内滋生细菌。其实这些都是不可靠的，如果消费者片面相信厂家的宣传，而不经常将衣服、被褥放在太阳下暴晒，势必将会对消费者的肌肤产生伤害。专家告诉记者，洗衣机的杀菌抑菌能力有限，完全不能与太阳紫外线的作用相提并论。

健康电视观看时间不宜长。电视厂商竞相推出了各种健康电视，宣称不伤眼睛，没有辐射。当然这类产品对健康是有一定的保护作用，对身体可能产生的伤害会小一些，但是这并不是说这类产品可以随意、长时间地使用。有关专家提醒消费者，包括现在声称无辐射的液晶电视，连续观看时间也不宜过长，一般一两小时为宜，长时间观看，对视力会有很大的影响。另外观看电视要保持适当的距离，这非常重要，因为如此不仅能够避免辐射伤害，还对视力能够起到有效的保护。

厨房电器清洁高招

炉具：妙用苏打粉。炉灶的污渍用温水弄湿，并且撒上大量的食用苏打粉，然后，将它们放置上一整夜。这样，即使是烧焦的食物及污渍也能被充分软化，只用软刷即可轻易刷掉。对付特别脏的灶具，可以使用火碱，戴上胶皮手套，用开水溶解火碱，把灶盘等活动件和主件分开放进去边泡边洗。

微波炉：需用中性皂水。要先切断电源，用柔软的干净湿布轻轻擦洗，抹布也可加一点清洗剂。不可用坚硬材料的布和腐蚀性较强的洗涤剂清洗，否则会破坏加热的材料。需要注意的是，带烧烤功能的微波炉，对加热管不可随意清洗。

现在市面上的微波炉分机械控制和电子触摸控制，对电子触摸控制的微波炉进行清洗时，要注意抹布不能太湿，否则影响按键的使用。

烤箱：柠檬水兑白醋。清洁的第一步是预先清洗。这要将机器调节到最大功率，用容器装一盆清水放进去，让水蒸气散发10分钟。接着在需要的地方喷撒清洁剂让它发挥作用。对于难对付的污垢，可能需要重复以上步骤，然后用沾水海绵或其他不会磨损烤箱的布洗净。对于油味，可以用一碗柠檬水或1∶1的白醋水，敞开容器后用100度左右的温度干烤10分钟，味道即可去除。

买原装进口家电要五查

一、查看包装。首先查看外包装上的商标和牌号，国外产品在其商标或牌子右下角（或上角）印有R标记，字体很小，常不引人注意。如：SHARP ○ R（夏普）、TOSHIBA ○ R（东芝）等。字母R是英文Registered的字头，意为“经注册”，而那些未经授权的组装或假冒产品上没有印此标记。其次，原装进口商品的包装材料质量较好，不易变形及损坏。包装图案精美、清晰、不易褪色，大件制品多为机器包装，箱口封钉整齐。

二、查看说明书及随机印刷品。进口原装产品说明书的第一页上印有“C”标志，表示“版权所有，不准翻印”。

原装厂家的说明书及印刷品字迹清晰，内容齐全，功能说明及电路图与实物相符。

三、检查商品及铭牌。原装进口商品的商标及铭牌式样固定不变，而且图案、字样按一定的比例规格制作，做工精美，在商品上镶贴齐全、牢固。

四、查看认证标志。进口原装家电在元器件上都标有生产厂家和认证标志。国外主要电器认证有：美国的 UL 标志、欧盟的 CE 标志、日本的 JIS 标志、德国的 GS 标志、英国的 BEB 标志、法国的 NF 标志、加拿大的 GBS 标志等。

五、核查产地。进口家电一般都明确标注生产国。如日本原装产品的包装上均有英文“Made in Japan”或“日本制造”等字样。包装上的条形码及说明书的印刷地点一般也反映了生产地，消费者应特别予以注意。

如果大件商品在商品及包装上都标有生产国,但箱上的编号、机壳上的编号及机内主电板的编号不一致，此种情况一般为国内大件组装而非原装进口。

买家电后需保存哪些资料

1. 原包装。购买家电后，一般要保留原包装 7~15 天。这是因为，万一新买的家电在三包规定的退换期内发生了故障退货的话，没有了原包装商家会借故不给退货，或要收取包装费。

2.“三包”凭证及发票。“三包”凭证是家用电器产品售出时制造商和销售商提供给用户的单据或凭证，是家用电器使用中出现质量问题或故障后用户要求对其包修、包换、包退的依据。发票，是购买的有效凭证，必须保留。要提醒消费者的是，网上订购的家电，一定要在订购时索要发票。通常网上订购的家电的发票放在包装里面。

3.说明书或用户手册。家电说明书或用户手册是日后安全使用和保养的可靠保证。

4.产品合格证。是家用电器合格的有效证件，内容一般有家用电器的名称、生产厂名、检验员号和检验日期等。

5.电路原理图。保存好家用电器的电路原理图，给电器日后出现故障维修会带来极大的方便。

6.型号或序列号。保存好家用电器的型号或序列号的主要作用是，电话报修时说清型号，便于维修人员快速诊断故障，能根据型号，事先准备好可能需要更换的零部件。

空调器“送暖”小窍门

一旦发现制热效果欠佳时，可以检查以下几个方面：一是过滤网，如被灰尘堵塞，应清除干净；二是氟利昂是否泄漏，如电表走时比空调正常使用时明显变慢则说明可能已泄漏；三是检查室外机是否有结冰现象，一旦结冰会使空调停止制热，最好将室外机安装在向阳的位置。平时使用时，应将空调器导风板固定在向下垂直的位置，因为热空气是向上升腾的，这样更有利于冷暖空气交换，发挥制热效果。另外，不要将风速开得太高，在低风工作状态下可以提高出风口热风的温度；也不要将温度设置得过低，否则很有可能会导致电辅热器不工作。

根据不同区域选择空调

（1）南方大部分地区冬暖夏热，春季潮湿，所以应选择大制冷量、具有强力抽湿和防霉功能的空调；同时应选择防雨防锈型室外机。

（2）北方空气冬冷夏热，沙尘天气较多，空气质量不好。选购应首选具备超低温制热能力的变频空调；在东北等超低温地区，可选择具有辅助电加热功能的空调。

（3）中国潮湿地区多集中在长江以南及沿海地区，在选择空调时应注意：选择超大抽湿量的空调；选择除湿不降温功能，可保持室内温度和湿度的均衡，以达到舒适的人体感受。

（4）中国干旱地区多集中在西北地区，气候以干燥、高温、冬春季多有沙尘等特点，选空调时需注意：选择加湿功能，及时补充空气中的水分；选择室外机有抗风沙、抗腐蚀功能。

如何预防空调火灾

安装空调时，不要把空调安装在可燃物上，与窗帘等可燃物要保持一定距离。也不要放置在可燃的地板上或地毯上。电源线应有良好的绝缘，最好用金属套予以保护。安装的高度、方向、位置必须有利于空气循环和散热。空调器安装的最佳方向是北面，其次是东面。切不可安装在房门的上方，因为开门时会加速热空气的流入。

空调开机前，应查看有无螺丝松动、风扇移位及其他异物，及时排除防止意外。使用空调器时，应严格按照空调器使用要求操作。

空调应当在有人的情况下运行。人离去时，应断开电源。

突然停电时，应将电源插头拔下，通电后稍待几分钟再接通电源。空调器必须使用专门的电源插座和线路，不能与照明或其他家用电器合用。

空调要安装一次性熔断保护器，防止电容器击穿后引起温度上升而造成火灾，要求保险丝容量要合适，切不可用铁丝、铜丝代替。

空调应定时保养，定时清洗冷凝器、蒸发器、过滤网、换热器等，防止散热器堵塞，避免火灾隐患。有条件的家庭可配备小型灭火器，如二氧化碳灭火器、清水灭火器等，以便及时扑灭火灾。

买空调防三大新忽悠

忽悠一：会呼吸的空调。所谓“会呼吸的空调”，不过是在原有空调之外另外再安装了一个换气装置，这确实能对空气流通起到某些作用，但一根小小的管子能否担负起整个房间时时换气的重任，笔者持保留意见。其次，“会呼吸”的换气空调由于使用了更多的部件，所以价格也更昂贵。

忽悠二：能效比达到了7.0。目前，国家空调能效标准规定，空调能效达到一、二级，即能效比高于3.2便已属于节能产品。而据业内人士透露，目前我国即便是最优秀的定速空调制造商，达到4.0这个数值也几乎是不可能完成的任务。那为什么有的企业还敢宣称自己的能效比达到了6.0甚至7.0呢？实际上，宣称的“能效比”超过4.0的都是变频空调，目前我国对其还没有相关标准，而我们通常所说的能效标准是针对定频空调，两者的数值不具有对等可比性。

忽悠三：噪声仅22分贝。在实际生活环境里，是22分贝的噪声还是28分贝的噪声，人体感觉的差别几乎微乎其微甚至可以忽略。但空调的几个主要性能指标：制冷量、噪声、能效比等是相辅相成、互相牵制的，过分提升一个指标会不会以降低其他做代价呢。这一点我们反而比较在意。买空调与其过分追求参数，不如选一家压缩机口碑比较好的产品来得实际。空调压缩机旋转式分单转子和双转子，双转子噪声低、效率高，一定要选用双转子的。

选空调的几大秘诀

秘诀一："匹"字何解。说到空调，最常见的参数就是"匹"。匹到底何解呢？准确地说，一匹的含义就是制冷(热)量为2500瓦每小时。消费者在选购空调时，不要只看商家所介绍的匹数，而应该以产品牌子上标定的功率为参考数值。我们应该考虑到房间的隔热好坏、密封是否良好、窗门面积和朝向、是否顶晒等因素，这样才能够买到一台适合你的空调。

秘诀二：尺寸大小不是关键。空调的大小并不意味着其技术的先进性，有些高品质空调的确结构紧凑合理，例如采用双排水系统等方式压缩室内机尺寸。还有一些小尺寸空调在损失了性能和品质及节省材料为基础的情况下达到小尺寸的目的。所以，大家可千万别因"小"失大啊。

秘诀三：压缩机质量至关重要。空调主要由压缩机、冷凝器、蒸发器、四通阀四大关键部件组成，在这四大主要部件中，以压缩机最为重要。消费者在选购空调时首先一定要留心空调的压缩机。选购时，消费者可要求卖场促销人员打开空调外壳，即可以看到压缩机的生产企业、品牌等。

秘诀四：注意空调支架质量隐患。目前空调支架质量问题主要存在三个方面：一是材质不过关，二是规格不承重，三是油漆不合格，大大缩减了支架的使用寿命。因此专家特别提醒消费者，尽量到正规的大商场去购买品牌空调，还要仔细检查空调支架的材质、厚薄度和油漆是否合乎要求；安装过程中消费者要严格把关，力求支架牢固。若购买的空调超过 8 年以上的，应找专业维修人员对空调支架进行更换或检修。

用空调时打开加湿器

制冷时，空调会将空气中的水分凝结成水滴，排出室外。虽然夏季外界空气湿度相对较高，但长时间制冷会导致室内局部湿度下降，因此，开空调的同时别忘了打开加湿器，保证适宜的空气湿度，缓解局部空气干燥带来的皮肤失水过多、喉咙干燥等问题，同时还可以减少室内粉尘。

加湿器不必一直开着。一般情况下，室温 25℃时，空气环境相对湿度应控制在 40% ~ 50% 为宜。加湿器应放置在距地面 0.5 ~ 1.5 米高的稳定平面上，以保证加湿效果。加湿器还应尽量摆放在与家电、家具至少 1 米远的地方，千万不要挨着墙放，以防受潮、发霉。

空调、电风扇对着人吹，也会加速体表水分的蒸发，降低人体周围的湿度。天气热的时候，人的毛孔处于打开状态，空调、电风扇对着人正面送风，很容易引发感冒发热、腰酸背痛等。正确的做法应该是让空调、电风扇等对着墙吹或顺着墙吹，这样可使空气有回旋流动的余地，凉风也会变得“温和”。

此外，开空调前最好先开窗通风 10 分钟，尽量使室外新鲜空气进入室内。空调开启一段时间后，应关闭空调再开窗通风 20 ~ 30 分钟，如此反复，使室内外空气形成对流，排出有害气体。

空调难取暖的原因

天气渐冷，可开空调后屋里的温度却迟迟升不上去，有五个常见原因。

房间密封性差。如果房间较大、密闭不严或者西晒，都会影响空调的制热效果。

室外温度较低。空调制热开启后，会有一个机器预热时间。如果室外温度过低会造成空调无法正常工作，预热时间也会延长。

空调风速过低。空调风速过低，会给房间的制热效果和快速升温造成很大的影响。

过滤网灰尘多。如果过滤网积的灰尘太多而不及时清洗会影响空气流通，从而造成出风口出风量减少，致使机内制热量无法被流动空气及时带出来，造成制热量不足。

室外机冷凝器脏。空调室外机的冷凝器灰尘太多，会降低换热效果，导致空调制热能力不足。

别让空调成污染“储藏室”

调查显示，我国室内 PM2.5 的主要来源：一是吸烟或厨房油烟，二是从室外带入。而空调在运转过程中，一直在对室内空气进行“内循环”，空气中的 PM2.5 便会逐渐累积在空调内机风叶、翅片等部位，成为室内 PM2.5 的“散播器”。并且，因为用空调时一般都关闭门窗，也助长了 PM2.5 的累积。

此外，在冬季取暖过后，空调大部分都会“休春假”。就在这三五个月间，内机中会积累灰尘，还会因潮湿的环境滋生各类病菌，如果到了夏季开机前不洗就用，特别会让老人、孩子以及呼吸道疾病患者“很受伤”。

空调质量鉴别七法

一、外观检查。电镀件表面应光滑，不得有剥落、露底、划伤等缺陷。喷涂件表面不应有气泡、流痕、漏涂、底漆层外露、凹凸不平等。各部件的安装应牢固可靠，管路与部件之间不能互相摩擦、碰撞。

二、垂直、水平导风板检查。对手动的垂直、水平导风板应能上下或左右拨动，不能太紧，更不能太松，应拨在任何位置都能定位，不应自动移位。

三、过滤网。是经常拆装的零部件，应检查拆装是否方便、有否破损等。

四、各功能键、旋钮的检查。空调器面板上的旋钮应转动灵活、落位、不松脱、不滑动。电脑控制的空调器、遥控器、线控器上的各功能选择钮轻快灵活，决不能有卡键等现象。

五、通电检查。对整体式空调器，可通电检查下列各项。制冷：夏季购买空调器可试制冷功能，调低温度控制值，通电数分钟，应有冷风出；制热：冬季或气温较低时购买空调器，可试制热功能；风速：调节风速选择钮，应有不同的风量吹出。

六、噪声和振动检查。空调器在制冷时，不能有异常的撞击声等噪声，振动也不能过大。

七、附件、技术文件检查。应检查说明书、合格证、保修卡、装箱单等技术文件是否齐全，按装箱单检查附件是否齐全。

买空调　二级能效比效果最佳

能效分五个等级。中国能效标志的底色为蓝色，顶头有“生产者名称”、“规格型号”等信息；最为醒目的就是标志的中间部分，有从1～5个等级标记，从绿色到红色，并在左边有信息提示从“能耗低”到“能耗高”，右上角则明示出本规格型号产品的能效等级。标志的下部提供有“能效比”、“输入功率”以及“制冷量”的具体数据。能效等级是表示空调产品能效高低差别的一种分级方法，按照国家标准相关规定，将空调的能效比分为 1、2、3、4、5 五个级别。能效标志为 2.6 ～ 2.8，能耗等级为五级能耗；能效标志为 2.8 ～ 3.0，能耗等级为四级能耗；能效标志为 3.0 ～ 3.2，能耗等级为三级能耗；能效标志为 3.2 ～ 3.4，能耗等级为二级能耗；能效标志在 3.4 及以上，能耗等级为一级能耗。按规定，如果产品低于最低市场准入的 5 级能效，是不允许在市面上销售的。

家庭使用 2 级能效比效果最佳。从理论上来说，1 级能效比的空调确实要比 2 级能效比的空调单位耗电量要低，但是，是否达到最佳省电效果，还需根据个人家庭使用习惯来换算。一般来说，小 1 匹和 1 匹空调连续工作 10 小时才能节省 1.5 度电，每天并不需要使用这么长时间的家庭就不需要刻意选择能效比最高的产品。有专家指出，2 级能效比其实是一个“临界点”，根据测算，一般家庭使用 2 级能效比的空调节能效果通常达到最佳。

变频空调是否适合您

变频空调的优势是显而易见的。但有许多消费者在没有完全了解新产品性能的情况下，盲目求新以致出现消费误区。其实，它更适合以下几种情况：

我国南方地区的消费者。以广州为例，很多家庭每年 3 月中旬即用上了空调，一直用到 10 月；停置一两个月后又开始冬季取暖。这样，一年中大约有 10 个月在用空调，其开停机的次数越少，节电效果越显著。相比之下，北方许多地区冬季都有完善的供暖设施，一年中只是夏季使用两个月左右，多数时间闲置着，多花一两千元买变频空调似乎不值得，用普通空调更经济些。

白天家里经常有人的家庭。尤其是有老人、小孩或病人的家庭，需要室温恒定，不用频繁地开停空调，因此适宜选用变频空调。而对于一般双职工家庭，白天大人上班，孩子上学。出门关了空调，下班回来再开，变频式空调连续调节功能的优越性便打了折扣。何况频繁开启状态下并不省电。我国对变频空调的开发起步较晚，真正进入消费市场的还是这一两年的事。

如何让空调更制冷

家中空调制冷效果差，可从以下几个方面去找出原因。

房间太大，所装空调与房间不匹配。家的住房朝向，是否在顶层，电流、零件压力是否正常，这些原因都可能会造成空调制冷效果不佳。

另外，观察一下室内机和室外机前面有无挡风的东西。空调运转后，制冷效果好坏，散热器与外界空气对流交换热量很重要。如堵塞进、出风口，使气流短路，引起压缩机热保或制冷下降，导致散热不好。

遥控设置功能是否为制冷模式，温度选定是否正确。现在许多用户工作忙，无暇顾及看说明书，用户设置模式错误，设定温度不正确造成室外机不启动，空调不制冷或开到自动但无冷风吹出。实际上温度设定在 26℃ ~28℃最适合人体，温度达到后，外机会工作。

日常使用中空调过滤器会堵塞，因此用户应该定期清洗过滤网。门窗是否紧闭，玻璃面积多大，有无窗帘等会影响空调的制冷效果。

另外，房间热源太多也会造成影响，如饮水机、电视机、冰箱。室内人数过多，也会影响制冷效果。

冬季科学使用空调

冬季使用空调，关键是不要将温度调得过高，否则会影响空调的寿命。在使用空调之前，要把空调选择在送风挡开启半天，吹干空调中的冷凝水，以免长时间将冷凝水留在机内滋生细菌。

用空调取暖，温度最好设在 16℃ ~ 26℃（20℃最佳），不要过热。制热时，刚开机用低风挡，半小时后改用中风挡。一定不要将温度设在空调可承受的极端 30℃，否则会引起空调不停机或频繁启动，对压缩机有较大的损坏，而且耗电量也较大。窗机在冬季使用时一定将出水孔塞子取出，防止底盘结冰损坏机器。

空调在使用的过程中难免会出现一些小问题，应根据以下几点来检查空调：1. 如果感觉房间里的温度始终上不去，可能是灰尘太多，把过滤网堵住了。可以先把过滤网拆下来用清水冲洗，装上去就可以了；2. 如果空调室外机有很大的噪声，很可能是螺丝松动引起的，请维修人员修理一下就行了；3. 如果空调启动困难，很可能是电压的问题，加一个稳压器也许问题就解决了。

空调出水原因多

1. 机体的安装不当。或是由于外力使内机倾斜，导致管路口方向过高造成的流通不畅。

2. 管道接口是否密合。如果接口松动，说明安装或是使用中存在着误区，应及时请专业人员重装。

3. 配管上结露水。由于管路隔热不充分，当管内制冷剂通过时，引起结露。

4. 热交换器滴水。热交换器有污垢或制冷剂不足时，会引起热交换器的温度不均匀，而在热交换器的中途产生水滴，没有滴入接水盘的水滴就会流入室内。

变频空调“变”在哪儿

变了频率降温快。空调启动后，以较高的频率和功率投入运转，在较短的时间内达到设定温度，然后空调以较低的频率运转，维持室内设定的温度。变频空调由于长时间处于低速运行中，故耗电较小。

换了“心脏”噪声低。变频空调由于采用了先进的双转子变频压缩机，运转更平稳，且始终工作在连续低速运转状态下，避免了普通空调的频繁开停噪声，因而噪声甚低。变频空调采用智能化模糊控制技术，能保持室内温度始终处于设定值上下的最佳状态，因而室温波动很小，保持相对恒定，使人更有舒适感。

低速运行寿命长。变频空调在冬季制热运转时，一般采用预加热方式，即使在－10℃条件下也能正常启动运行。变频式空调能在16~242伏的范围内正常工作，因而对电压波动的适应力很强。变频式空调由于避免了反复开停，且长期工作在低速运行状态下，因而压缩机使用寿命更长。

空调安装小贴士

安装在空气畅通的环境中。空调的内、外机工作时上方不能使用遮盖物，否则会造成空调无法正常散热、制冷效果差，特别注意外机的放置位置，保持前后空气畅通。

位置要远离干扰源。空调不宜安装在靠近高频、高功率无线电的地方，尽量避开人工强电和磁场直接作用的地方，离电视机至少要一米以上，以免产生干扰。

要水平安装。一般要将空调安装在平稳、坚固的墙壁或天台、阳台上，空调长时间工作在不平稳的环境会导致制冷效果差，并缩短空调压缩机的寿命。

位置不宜过低。根据“冷气往下，热气往上”的原理，应该把空调安装在背阳窗户的上部，一般情况下安装高度保持在 2.5 米左右；不要把空调挂机与室外机安装的距离太近，这样容易形成共振，引起噪声。

防止雨水倒灌。在空调安装过程中，必须打一个稍高的穿墙孔。安装完成后，穿墙孔的空隙必须用油灰堵好，防止下雨天雨水通过这里倒灌渗漏。

进行调试。这是一步关键的检验工作，时间至少要在 30 分钟以上，主要是检测空调风量、噪声、是否漏水、漏氟。一般情况下，风量和噪声比较容易感觉，是否漏氟需要专业仪器测量，而是否漏水可以在安装结束后在空调器的接水盘中倒入一点水，检查一下是否能排到室外，确保制冷时产生的冷凝水能够排到室外，而室内机不会漏水。

铜管不宜过长。铜管长度对制冷功能会产生影响，超过 7 米会减弱制冷效果，焊接口也需要有完好的封存，以免破坏制冷系统。另外，空调器的外壳是塑料件，受压程度有限，若受压，会造成面板变形，影响冷暖气通过，严重时更会损坏内部重要元件。

冰箱也会缩短食品保质期

并不是每一种食品都该放入冰箱。有些食品在冰箱中，反而会缩短保质期；也有些食品不放在冰箱里，足以长期保存。

具体来说，饼干、糖果、蜂蜜、咸菜、黄酱、果脯、粉状食品、干制食品等，都是无须放入冰箱的。它们或者是水分含量极低，微生物无法繁殖；或者是糖和盐浓度过高，渗透压很大，自由水分很少，微生物也无法繁殖。

比如说蜂蜜放入冰箱，会促使它结晶析出葡萄糖。这个变化并不影响蜂蜜的安全性，也不影响它的营养价值，只是会影响到口感的均匀程度。

又比如说，茶叶、奶粉、咖啡之类的干制品放入冰箱，如果密封不严，反而会使冰箱中的味道和潮气进入食品当中，既影响风味，又容易生霉。

巧克力放入冰箱，时间长了容易发生脂肪结晶的晶型变化。实际上，巧克力适合放在十几度到二十几度的室温下。

馒头、花卷、面包等淀粉类食品如果一两餐吃不完，放在室温下即可。放在冰箱里反而会加快这些食品变干、变硬的速度。如果要储藏 3 天以上，最好包好放入冷冻箱，吃的时候取出来微波化冻 1 ~ 2 分钟即可，口感新鲜如初。也有一些食品可以暂时放入冰箱，比如各种饮料、啤酒等。但它们实际上并非必须冰箱保存，而是为了喝的时候更为凉爽。

总的来说，买来食品的时候，一定要认真看一下包装上要求储藏温度是多少。如果买的时候是从室温下取的，而包装上也没有写明需要储藏在低温下，那么就没有必要一直放在冰箱里。

停用的冰箱发霉了咋办

停用冰箱时应拔下电源，对冰箱彻底清洁一遍，等内柜干燥后再关闭冰箱门。对于发霉的冰箱，可用海绵加醋或洗洁精清洗冰箱的内部，不但能抹掉污渍，同时亦可以抗菌。

使用洗洁精不易擦净冰箱外壳的污垢时，可用海绵或抹布蘸一蘸洗洁精，擦抹几下，再用干布擦干水分。另外，冰箱的门垫是极易聚积污垢的地方，可用旧牙刷蘸上洗洁精擦拭，再用干布擦干。如果任门垫藏污纳垢置之不理，会使其弹力及磁性丧失，降低冰箱冷冻功能。

冰箱由于长期停用，润滑油沉底变黏，机件处于失油状态，长期停用后首次使用应分几次启动。插上电源稍稍启动一下，再停机 3 ~ 5 分钟，再启动 2 ~ 3 分钟，停机 3 ~ 5 分钟，如此反复几次待润滑油受热变稀后使机件润滑，再投入正常使用。最好空箱试运转 2 小时左右，待箱内达到稳定后才能贮存食品。箱内贮存物品不能过多过挤，要有冷气对流空隙。

冰箱使用三误区

1.“排酸冷藏肉”暂时不吃就应马上冻起来。“排酸冷藏肉”的卫生品质较好，可以在 0℃左右保存两三天。所以如果两天内烹调，无须放在冷冻箱里。冷冻后化冻不仅会让肉的纤维变硬，也会损失养分和风味，把“排酸冷藏肉”的好处损失殆尽。一般来说，冷藏肉不用清洗，带盒直接放在冷藏室较冷处即可；而普通肉则要好好清洗，切成适合一餐用的块，或切好丝、片，分别装在冷藏盒或保鲜袋中封好。

2. 买来的蔬菜和水果不需要处理就直接放进冰箱。蔬菜和水果买回来的时候往往带有污物和泥土，其中可能藏有大量微生物，容易污染冰箱内的其他食物，造成交叉污染。一些包装食品也可能有灰尘，污染冰箱环境。因此，蔬菜和水果应先清洗干净、甩干水分，用清洁的保鲜袋装好，用保鲜膜封好，或者放进密封容器中，让它们彼此隔离，然后才放进冰箱保存。包装食品也要擦干净后再放入冰箱。

3. 超市中的熟食因为包了保鲜膜，所以可以直接放进冰箱。超市中用来包裹食品的保鲜膜也有可能使用聚氯乙烯材质。实验证明，这种保鲜膜为增加其附着力，含有名为乙基己基氨的增塑剂。该增塑剂对人体内分泌系统有很大破坏作用，会扰乱人体的激素代谢。这种化学物质极易渗入食物，尤其是高脂肪食物，而超市里的熟食恰恰大都是高脂肪食物。经过长时间的包裹，食物中的油脂很容易将保鲜膜中的有害物质溶解，食用后会影响人体健康。因此买回家的熟食应该把保鲜膜撕掉，将食物用食品保鲜袋包装起来，再放进冰箱；也可以将食物装在有盖的陶瓷容器中；如果是没有盖的容器，覆盖保鲜膜时，尽量别把食物装太满，以防食物接触到保鲜膜。

开关冰箱重细节能节电

据中国家电协会徐东升秘书长介绍，由于开冰箱门期间冷气飘出，热气进入，冰箱需要耗能降温。对于家用冰箱来说，如果每天开关 20 次左右，每次约 20 ～ 40 秒钟，不仅会增加耗电量，还会影响冰箱的冷冻程度；如果每天开关 40 次以上，耗电量会增加 30% 以上，还会影响冰箱寿命。每开冰箱门 1 分钟，要想使冰箱内温度恢复原状，压缩机需要工作 5 分钟，耗电约 0.008 度。所以，减少开冰箱次数，并缩短时间，是让冰箱省电的好方法。

另外，徐东升还给出几点冰箱节电小技巧。

冰箱要定期除霜。因为冷冻室挂霜厚度超过6毫米就会造成制冷效果减弱。如果冰箱内无化霜机构的，需要手动除霜。

第二，冰箱盛水盘上面的滴水管道是冰箱与外界空气交换的通道，泄冷的现象不容忽视。所以，可以将一小团棉花裹在滴水漏斗上，并用细绳或胶布包扎，这样就能起到省电的目的了。外界温度在35℃左右时，冰箱可以省电10%左右。

徐东升表示，每个小细节并不会使冰箱节省多少电量，但每天都注意这些细节，养成习惯，每个月就可能节省冰箱耗电量5度左右。

掀开冰箱的“被子”

有很多家庭用户买来冰箱后从来就没有清洗过散热器，从来也不知道应该清洗散热器，结果使散热器披上了很厚的一层绒毛状的尘埃，这尘埃很像一层被子，使散热器工作性能大大下降。再加上大多数家庭为节约空间，将冰箱放在墙角处，四面不通风，热量散不出去，这样就造成了散热器工作性能不好，温控器就下指令让压缩机频频启动，使得压缩机更热，温度更高，导致恶性循环，直至烧毁压缩机。所以，用过两年的冰箱，其散热器就该清洗，尤其是夏天。

清洗时应该先停机，拔下电源。然后移开冰箱远离墙壁，先将散热器上的尘埃除净，再用加有适量中性清洁剂的温水擦洗，擦洗时要小心别碰坏铜管，别让水流进电线的接线盒。散热器被彻底清洗后，将冰箱摆在房间通风的地方，千万别紧靠墙壁。如果将一小型电风扇接到压缩机上，当压缩机启动时，风扇也跟着启动，压缩机停，风扇也停，然后将小风扇在冰箱后面适当的地方，用它的风加速散热也是一个非常实用的办法。

冰箱选个多门多温区的

北京协和医院营养科主任马方指出，不是所有食品都需要放到冰箱里，有些不适合冷藏的食品，放到冰箱里不仅不能保鲜，反而会加速食物的营养流失和腐烂。此外，很多需要冷藏或冷冻保存的食物对时间、温度等也有严格的要求，应分别对待。

马方主任说，黄瓜、青椒、茄子等蔬菜在冰箱中久存会出现“冻伤”——变黑、变软、变味。香蕉、火龙果、杧果、荔枝等热带水果也不宜冷藏，只需放到阴凉透风的地方即可。

一般肉类生品的冷藏时间是 1 ~ 2 天，瓜果、蔬菜是 3 ~ 5 天。鸡蛋在冰箱里最多冷藏 15 天，而且脏的鸡蛋要先擦拭干净（不要用水洗），再放入冰箱。绿叶蔬菜冷藏 5 天后，即使没变色，最好也不要吃了。冷冻柜内，鱼肉存放的时间最好不要超过两个月。如果肉冻得发黄，说明脂肪已经被氧化，最好丢弃。

食品的最佳存放温度也不一样。鱼类储存最好在 0℃，鸡蛋的最佳储存温度为 3℃，牛奶为 4℃，蔬菜 5℃，水果 6℃……单从温度上看，如果想靠双门冰箱同时满足对不同食品的保鲜需求显然是不可能的。

因此，具有超级变温范围的多门、多温区冰箱更利于食物保存、保鲜，选购冰箱时要综合考虑保鲜、温度、营养、空间等各项指标，全面权衡后再选择适合自己的冰箱。

买大容量冰箱三注意

首先要考虑居住条件是否允许。这是因为超大冰箱多带饮水系统，可与纯水机相连，所以要安装在与水管较近的地方。买冰箱之前先要看房门和厨房门的宽度和高度。大容量对开门冰箱的宽度一般是 80 厘米左右，高度则在 180 厘米上下，因而选择这种冰箱时要先看它是否能顺利搬进家门。

其次，厨房的面积应足够大。因为除了冰箱本身得占近 1 平方米的地方之外，还要考虑在冰箱前部留有足够的空间以便开关门方便。此外由于采用风冷方式，安放时冰箱背面和两侧都要留有一定的空隙。

第三，买大容量冰箱还要考虑后续的花费问题，比如这类冰箱耗电一般为每天 2 度左右，如果接纯水机，纯水机的滤芯也要一两个月一换，花费也要百元左右。

夏季冰箱使用常识

为何有凝露

冰箱在夏季高温、高湿的环境下使用，箱体外壳和门体表面因为温度低，空气中的潮气就会凝聚在箱壳和门的表面，触摸有湿润的感觉，凝露现象主要发生在门封、中横梁和门体表面等部位。当空气相对湿度较大时，冰箱的门封和门表面就可能出现珠状凝露，这是正常现象。发生凝露现象时，用软布将凝露擦掉即可，当环境的相对湿度减少时凝露现象会自然消失，不会影响冰箱的性能。

为减少凝露现象的发生，在使用时注意以下几点：1. 温度调节挡位尽量调整在低挡位上，比如 1 ～ 3 挡；2. 在梅雨季节，经常用软布轻擦玻璃门表面及其他凝露部位，能减少凝露现象；3. 将冰箱放置到通风较好的位置。

冰箱冷藏室后背为何结霜

因为冰箱冷藏室内湿度较大，在工作时冷藏室内壁的蒸发器表面温度很低，所以冷藏室内空气水分就会聚集到冷藏室的后背凝结成冰豆或者结霜，当冰箱停止工作时，由于冷藏室温度的上升冰豆或冰霜就可以化成水从出水口处流出，这种现象属于正常。

为了减少结霜和结冰豆现象，在使用中注意以下几点：1. 冰箱尽量减少开门次数和开门时间；2. 冰箱关门后一定要检查门体是否关严，防止门封闪缝漏气；3. 冷藏室放置食品要留有一定的空隙，特别是食品不要靠近冷藏内胆后壁；4. 冷藏室尽量不要放置水分大的食品，如果确实要放置，最好用保鲜膜进行密封；5. 注意排水口是否被异物堵住，如果被堵住，用塑料棒进行疏通。

冰箱分区知多少

冷冻室。冷冻室内温度约－18℃，可以快速冷冻需保存很长时间的新鲜肉类食物。

冷藏室。冷藏室温度约为5℃，可冷藏生熟食品，存放期限一般为两天。

冰温保鲜室。有些电冰箱设有冰温保鲜室，温度约0℃，可存放鲜肉、鱼、贝类、乳制品等食品，既能保鲜又不会冻结，可随时取用，存放期为3天左右。冰温保鲜室还可以作为冷冻食品的解冻室，上班前如将食品放在该室，下班后可即取即用。

变温室。有些电冰箱设有变温室，用户可根据食品储藏需要调节变温室的温度，既可以作为软冷冻室使用，又可以作为冷冻室使用。变温室最大的特点是设置温度一般为－7℃～－3℃，作为软冷冻使用。设软冷冻优点很多，比如零解冻时间：在食用前不需要解冻，有效减少营养流失，使用方便；食品更保鲜：由于食品没有经过强冷冻，食品食用时保持更好的新鲜度，营养更丰富；切取容易：可以切成薄片，也可以细切，更容易保持肉的形状。

此外，有些冰箱设有独特的饮品室（0℃，2℃～5℃温区），可以存放各种饮料。

如何算冰箱耗电量

待冰箱进入稳定运转状态后开始计时，先看冰箱压缩机运转与停机时间之比。例如，冰箱运转时间为5分钟，停机时间为15分钟，其运转比为1∶3，由此可计算出24小时内大约运转6小时。然后看压缩机额定功率，用此功率乘以运转时间，即可得出每天耗电量。如压缩机功率为110瓦，则每天耗电量为110×6瓦/时，即660瓦/时（即0.66度电）。因此，冰箱耗电量就是每天0.66度。依此法再乘以每月天数，即为每月耗电量。

此外，也可根据不同季节进行估算。估算公式为每天耗电量（千瓦/时）+额定功率（千瓦）×每天运转时间（小时）。其中，每天运转时间：夏季取13～15小时，春、秋季取8～10小时，冬季取6～7小时。

当然，每天工作时间为经验数据，而输入功率的实际值并不完全等于额定值，因此，计算出耗电量的数值为近似值。

新买冰箱如何持久耐用

首先，要注意冰箱摆放的位置是否合理，是否便于冰箱散热。而且还需要检查家庭的电源情况，是否接地，是否为专用线路。

第二，在使用前用户要仔细阅读附带的产品说明书，检查冰箱的各个部件。家用冰箱使用的电源多为220V、50Hz单相交流电源，正常工作时，电压波动允许在187~242V之间，如果波动很大或忽高忽低，将影响压缩机正常工作，甚至会烧毁压缩机。

第三，冰箱应使用单相三孔插座，单独接线。注意保护电源线绝缘层，不得重压电线，不得自行随意更改或加长电源线。

第四，检查无误后，冰箱应静置2~6小时后再开机，以免油路故障（搬运后的冰箱）。接通电源后，仔细听压缩机在启动和运行时的声音是否正常，是否有管路互相碰击的声音，如果噪声过大，检查产品是否摆放平稳，各个管路是否接触，并做相应的调整。若有较大的异常声音，应立即切断电源，与专业的修理人员联系。

第五，开始使用时要减载运行，因为新机器的运动部件有一个磨合过程。运转一段时间以后再加大量，这样能延长冰箱的寿命。

第六，首次使用冰箱，存放的食物不能过多，要留有适当的空间，以保持冷气流通，尽量避免冰箱长时间满负荷工作。冷冻室不要放置液体、玻璃器皿，以防冻裂损坏。具有挥发性、易燃性化学物质、易腐蚀酸碱物品不要放入，以免损坏冰箱。

冰箱食物分区存放法

一般来说，冰箱门处温度最高，靠近后壁处温度最低；冰箱上层较暖，下层较冷；保鲜盒很少被翻动，又靠近下层，所以那里温度最低。所以，我们不妨依温度顺序，把冰箱冷藏室分为6个区域：冰箱门架、上层靠门处、上层后壁处、下层靠门处、下层后壁处、保鲜盒。

冰箱门架上：适合存放有包装但开了封、短期内不会变质的食品，如番茄酱、沙拉酱、芝麻酱、奶酪、黄油、果酱、果汁等，及蛋类食品。

上层靠门处：直接入口的熟食、酸奶、甜点等食品。存放这些食品时，应避免温度过低，并防止生熟食品交叉污染。

上层后壁处：吃剩的饭菜、包装豆制品等。这些食物容易滋生细菌，应存放在稍低于0℃的环境中。

下层靠门处：各种蔬菜及苹果、梨等温带水果，而且要用保鲜袋装好，以免因温度过低而导致冻坏。

下层后壁处：需要低温保存的食品，如盐渍海带丝，以及密封包装不怕交叉污染的食品。

保鲜盒里：适合存放冷藏肉、鱼、鲜虾等海鲜类食品。保鲜盒既能起到隔离作用，又具有保温功效，能避免频繁开关冰箱门产生的温度波动。

买液晶电视 摸一下才放心

买液晶电视时，经常会遇到区分软屏、硬屏的问题。据专家介绍，所谓“硬屏”是由于液晶屏的液晶分子结构采用具有稳定和坚固的水平结构，因而摸起来硬一些。而通常的“软屏”液晶的分子排列结构是垂直的，轻轻摸一下会产生“水痕”。

通常在卖场里，并不太容易区别出软屏、硬屏的显示效果来，这是因为商家展示的基本都是液晶电视最优秀的一面：播放专门制作的视频，看到的鲜艳的色彩和高清的画面。其实，化解这一切的方法很简单——摸一下。我们知道，软屏液晶摸一下会产生波纹现象，播放动态画面时，由于触摸导致显示画面停顿，与后面的画面叠加在一起，使屏幕画面乱作一团。这就是通常所说的“残影”现象。而这些现象，在硬屏液晶电视上就不会发生。

此外，软屏液晶的响应时间较慢，在播放快速变化的画面如赛车运动节目时，就会产生明显的“拖尾”模糊现象，动态清晰度明显下降，如果长时间观看就会很累眼睛。

液晶电视也“缺斤短两”

目前市面上出售的多数液晶电视，普遍存在标称尺寸与实际尺寸不符。所以，想买液晶电视的消费者一定要学会以下这套选购秘籍，以确保自己购买到一款适合自己的平板电视。

买电视带皮尺。目前的液晶面板生产线日渐成熟，各尺寸液晶电视面板也在不断完善，目前在液晶电视方面拥有 26、32、37、40、42、46、47、52、65 等尺寸，在选购的时候经常有人被销售时标称的尺寸所迷惑。有时甚至将本来是 40 英寸的却按 42 英寸卖给消费者。所以在购买的时候最好带一根皮尺，随时测量一下屏幕的大小。

高清片与有线电视的区别。在卖场中，会看到很多商家都是用高清播放碟来显示画面的，可我们买回家的平板电视最主要的功能是用来收看有线电视，很可能不能达到与卖场一样清晰的效果。所以对于很多家庭来说，没有必要一味地追求 1080p 的平板电视，因为没有好的信号源，根本无法达到你想要的效果。

查看亮点最重要。众所周知，液晶面板的亮点是个不可忽视的问题，尤其是尺寸比较大的液晶电视，亮点多也就不足为奇了。所以在送货安装后，一定要检测一下亮点，目前国家规定是 8 个点就要更换。

自己带盘试。卖场各厂家播放的大多数都是高清演示片，根本不能体现出这款电视的真实表现形式，选购的时候，应该准备几张 DVD 碟片，可以更好地分辨出这款电视所具有的各项性能指标是否真实。这里介绍 3 张碟片：《黑客帝国》用来测试画面的明暗对比度;《马达加斯加》用来测试电视的色彩艳丽程度;《蜘蛛侠 2》用来测试电视的运动效果。在这些动作场景中，画面会不会出现残影一看便知。

售后服务很重要。虽然目前国家还没有非常明确的对于平板电视售后服务的要求，但是参照原来的 CRT 电视售后标准，大件保修应该在 3 年以上。目前很多品牌的平板电视产品，在液晶屏幕的保修上达不到 3 年。液晶屏幕的造价很高，多一年的保障，消费者就能得到更多的放心和实惠，在购买电视时一定要问清楚售后服务。

平板电视如何省电

不要频繁开机、关机。因为这样是相当费电的，推荐的方法是把音量和亮度调到最小，等到自己喜欢的节目出现之后，再把音量和亮度恢复即可。

不要让平板电视长时间处于待机状态。因为此时电视机并没有彻底断电，电视机长时间处于待机状态下，所消耗的电量也是比较惊人的，所以关机之后应该拔下插头，以彻底切断电源。

电视机的使用也要注意防尘。如果进入电视机内的灰尘太多，就很有可能造成电路板漏电、能耗增加，并且影响图像和伴音质量，最好使用防尘罩以减少灰尘进入电视机。

要控制亮度。电视机的屏幕亮度也直接决定电视机的实际耗电功率，亮度最高时比亮度适中时多消耗 30 ~ 50 瓦的功率。因此，应将平板电视设置到合适亮度，这样可以明显降低平板电视的耗电量。当在夜间使用时，完全可以根据自己的需要，降低平板电视的亮度。而对于液晶电视来说，通过使用“节能模式”可以大大降低背光荧光管的亮度，不仅可以降低功耗，还可以延长背光荧光管的工作寿命。

要控制音量。音量每增加 1 格，就需要增加 3 ~ 4 瓦的功率。适当降低平板电视的音量，既可以降低平板电视的耗电量，也可以保护耳朵，还可避免干扰周围的居民。

怎样清洁液晶屏

电视、电脑、普通手机、相机的液晶显示屏，因为静电原因，会吸附灰尘，可以用干燥柔软的眼镜布在液晶屏上顺着同一个方向慢慢擦拭，动作要轻，否则很容易划花屏幕。

液晶显示屏上沾染的油污或其他污垢，不能用清水、酒精和其他化学清洁剂擦拭。如果使用清水，液体极易渗入到液晶屏幕内部，容易造成触摸屏感应效果不准，甚至会造成设备电路短路。液晶显示屏表面有一层特殊的涂层，一旦使用酒精或化学清洁剂擦拭，就会溶解涂层，对屏幕造成损伤。对液晶显示屏上的油污、果汁、咖啡等不易清除的污渍，可以将液晶专用清洁液喷在液晶专用擦拭布上，再轻轻擦拭。若液晶触摸屏上有指纹，可将一段高档透明胶带轻轻粘在屏幕表面，再轻轻揭下来，反复几次，指纹就消失了，屏幕变得干干净净。

四招维护平板电视机

一、关机，不要用遥控器关完机器以后就结束。因为遥控器关机只是解决了图像这部分关机，真正应该用手动关电视机的电源。

二、选择电视机换台的时候，尽量选择有黑电屏延伸保护电路，换键以后会黑一段时间。

三、如果挂架，所有的线都要通过墙体内，装修贴壁纸刷涂料之前空间要留下，要走好线管。在安装的过程中，因为等离子也好，液晶电视也好，自身有一定的重量，安装的时候你需要把它固定在承重墙体上，如果你的墙体是轻体墙体，指的是空心的墙体，在安装的时候就会有很大麻烦。所以，在考虑给电视机预留位置的时候，首先要根据自己家的自身条件，如果自身是轻体墙就要选择座架或者是机柜。

四、另外在使用等离子时，要注意有一个屏幕防灼伤的功能。因为这个功能一般的电视都有，但是一般的消费者不去理会。

电视为什么会有异味

春季气温变化大，有些人发现，电视机背后发出阵阵难闻的气味，犹如鱼腥味。这种现象在天气潮湿时严重，天气干燥时会好一些。电视机刚打开时严重，看了几十分钟，此现象又会减弱。这是因为潮湿的空气、积尘与电视机里的高压电子器件发生高压打火引起的。也就是我们常说的臭氧。

臭氧长期和人体接触是十分有害的。电视机长时间在这种状态下工作，发生故障的概率也大为增加。因此，如发现家里的电视机有臭氧溢出，并伴有吱啦吱啦的微弱声响，要请专业人员及时检修。

液晶电视省电有技巧

一、合适的亮度设置很重要。绝大多数人家里的液晶电视亮度，设置到50%就足够了。液晶电视的最亮状态比最暗状态要多耗电 50% ~ 60%，若将亮度调低一些，一般可以节电约10%。

设置好合适的亮度，不仅可省电，更重要的是还可以延长液晶电视的使用寿命。

二、注意控制音量。在使用液晶电视的过程中，音量调得越大，功耗也就越高，自然也就更耗电。

对于某些音箱效果不是特别出色的液晶电视机而言，如果音量开得过大，还可能导致音效失真，同时影响音箱的使用寿命。

三、合理开关液晶电视。根据相关统计，如果每天少开半小时电视机，每台电视每年可以节电约 20 度。

可事实上，很多人习惯在做饭、洗澡等没有人看电视时，都任由电视机开着，这不仅浪费了电费，也挥霍了液晶电视的使用寿命。

最后，要想让液晶电视更省电，使用过程中还要注意一些细节问题。比如有人在没有喜欢看的节目时，不停地换台，或是间歇性地开关机，都会对液晶电视机的使用寿命、耗电量等造成影响，应尽量避免。

平板电视少用4：3比例

除了平板电视的产品质量本身有问题外，也有不少是因为消费者使用不当引起的。鉴于平板电视目前售后维修价格贵，专家认为平板电视不妨保养在先。

首先要注意“暂停”造成灼伤。对于液晶和等离子屏幕来说，长时间对一幅图片的显示会造成屏幕灼伤，进而使电视机出现更多的坏点。所以，要避免长时间观看 4 ： 3 比例图像或使用“暂停”键。

其次要选用推荐的分辨率。不少平板电视的分辨率可由用户自己调节，但在推荐的显示分辨率下的成像效果才最好，这也是对屏幕的一种保护。

第三，保持干燥度很重要。潮气对于电视机中的元器件来说是大敌，会导致电极腐蚀，造成永久性的损害。所以，即使长时间不看电视，也要定期开机通电，以便将机内的潮气驱赶出去。

第四，防尘要用正确的方法。如果发现平板显示器表面有污垢，要用正确的方法去污，比如屏幕仅有一些灰尘，用一块干棉布擦去即可；如果屏幕比较脏，一定要选用专用清洁剂，不过，不要将清洁剂直接喷到屏幕表面，更不要用水擦洗屏幕，否则会在屏幕上留下永久性斑点。

冬季使用燃气热水器四注意

一、防止燃气中毒。燃气热水器必须安装在浴室外，且必须安装排烟管，以确保烟气的排放畅通。使用时不要在房间的供、排气口上悬挂物品，以免影响空气流通。在每次使用前，都应检查安装热水器的房间窗户或排气扇是否打开，通风是否良好。

二、防止燃气泄漏。经常用肥皂水检查各个燃气接头、燃气管道或胶管是否漏气。一旦发现胶管有裂纹，须立即进行更换。使用液化石油气的用户严禁倒置或侧放气瓶。另外要注意及时更换超过使用年限的产品。

三、防止起火。禁止在热水器周围放置易燃、易挥发性物品，禁止在排气口和供气口上放置毛巾、抹布等易燃品。

四、防止漏电。供电电源必须具备可靠的地线，并定期（每周）检查漏电保护开关以保证其正常工作。

太阳能热水器购买有讲究

通常情况下，太阳能热水器性能要通过仪器检测，才能看出其是否符合国家标准。如果仅凭经验来识别，则要注意这几个方面的情况。

1．消费者在购买产品时必须对集热器、管道接口和板芯出厂前是否进行过耐压试验和渗漏检查进行综合考虑，同时还要考虑它们的类型和材料以及消费者自身的要求。如可根据自身经济条件来挑选不同价格的产品；根据家庭人数选择不同容积的热水器；北方要考虑防冻问题等。

2．要了解产品的技术性能，主要是平均日效率和平均热损系数。目前不少人有一种误解，认为水箱内的水温越高，就说明热性能越好。实际上水温高低不能说明产品的好坏。水温和日照强度、日照时间、水容量、采光面积、水的初始温度均有关系，所以最科学的办法是看热效率和热损系数。目前真空管热水管平均热效率应大于40%，热损系数小于$3w/m^2℃$。

燃气热水器安全装置有哪些

熄火安全装置。这是燃气热水器的一个基本保护装置。在气源打开后火焰未被点燃和意外熄火情况下,可自动关闭燃气阀门。

过热保护装置。当燃气热水器出现突发性故障或长时间使用、热交换器内温度超过 150℃时，燃气通道会自动关闭，防止热水器继续升温出现气化爆炸或烧坏热交换器等部件。

风压过大保护装置。当排气管顶端承受过大风压时，在燃烧器火焰出现不稳定前能自动切断燃气通路。

换气扇联动控制。与换气扇线路相连后，可确保室内空气质量。

防冻保护装置。燃气热水器安装场所出现冰冻时，可事先旋下“防冻旋塞”，将残留在燃气热水器中的水排放出来，避免冻裂热水器内的管路系统。

烟道堵塞安全装置。当烟道排气口堵塞时，在 5 秒钟内可自动切断通往燃烧器的燃气通路。

缺氧安全保护装置。当空气中氧气低于 17% ~ 19% 时，缺氧保护装置能自动切断燃气供应，让燃气热水器停止工作，防止室内氧气继续减少而发生事故。

防止不完全燃烧装置。当燃气不能完全燃烧、烟气中一氧化碳含量达到 0.14% 之前，该装置能自动切断燃气供应通道。

过压保护装置。当燃气热水器出现故障或因意外原因导致管道内压力过高（如升温过高引起水的汽化等）时，或当管内压力大于 1.25Kpa 时，会自动开启卸压阀门降低内压。

燃气泄漏报警保护装置。当供气管路发生泄漏时，气敏传感器检测出一定的燃气浓度会发出声光报警信号，让用户迅速采取措施，排除故障。有的报警装置还在热水器的进气管或室内供气管路上连接了电磁阀，检测到漏气信号后，能自动关闭电磁阀切断气源。

太阳能热水器注意防冻

真空管太阳能热水器在使用中，由于其在室外设置，在冬季尤其需要注意管道的防冻问题。

1. 常用防冻：在冬季晴天正常使用时，如果气温低于 0℃，每天最好少量、多次使用热水器里的水。尤其在睡觉前和起床后，放少量水以使管道内的水流动，依靠水温来增加管道温度。气温越低越要多放水，以防水管冻堵。

2. 滴水防冻：平时留心天气预报，当气温降到－ 7℃以下时，晚上用完热水后，将水箱上满水。此后在喷头或水龙头下接一水盆，把热水阀松开一点，使其慢慢滴水，以保持管道内水的流动，一般一晚上一盆水的流量可避免管道冻堵。

3. 放空防冻：如果管道在安装时没有反坡的话，用完水后，可将热水器放空，并保持放水阀常开，这样就不会使管道冻堵了。

电热水器电源拔不拔

对于电热水器来说，保温就意味着节能、省钱。真正节能的电热水器是不需要频繁地把电源切断的，因为它有有效的保温技术。目前，市场上节能电热水器比传统的电热水器多了很多功能，比如中保温、多段定时加热等，都是具有高科技含量的节能设置，比消费者自己计算的省电方法更为科学，但都需要在电源通电的情况下完成。

所以，如果购买的是一台保温效果比较好的电热水器，频繁断电可就成了大忌，而且频繁地拔掉插头还会减少插头的寿命，带来安全隐患。正确的使用方法应该是：如果每天使用热水器，就不要切断电源；如果是 3~5 天或更长时间才使用一次，则用后断电是更为节能的做法。

燃气热水器最多用8年

《家用燃气热水器具安全管理规定》明确指出，燃具从售出当日起，人工煤气热水器的报废年限为 6 年，液化石油气和天然气热水器的报废年限为 8 年。

研究发现，到了8年年限，燃气热水器不可避免会出现很多部件老化的情况，造成回火、熄火、安全装置失效等，如果燃气直接泄漏，极有可能导致事故发生。

一般来说，新热水器使用2～3年以后就应该每年进行一次年检，检查项目主要有打火、供气等。

而当热水器出现火焰发黄、冒烟、漏水、漏气、有噪声、振动等现象时要马上报修。

雷电天气慎用太阳能热水器

江苏省气象部门的相关专家提醒，雷电频发季节，必须提高防雷意识，特别要警惕室内使用太阳能热水器的安全问题。

太阳能热水器作为节能环保产品，近年来逐渐为消费者所认可和接受。为了采热需要，太阳能热水器通常安装在屋顶高处，但这一点使得太阳能热水器在雷雨天气里更容易遭受雷电袭击，不但会造成太阳能集热板的毁坏，还会使大的雷电沿着电源线路、输水导管等直接通入室内，使室内人员或家用电器遭到雷击。

针对如何保证太阳能热水器在雷雨天气里的使用安全，专家提醒注意四个要点：首先，打雷闪电的时候不要使用太阳能热水器；其次，一定要为太阳能热水器安装防雷装置（包括避雷针、带、引下线、接地装置），使热水器处于避雷针（带）的有效保护范围内；再次，太阳能热水器的整个电源线路要采取屏蔽保护，并在电源开关处安装电源避雷装置；最后，防雷设施的安装最好要请具有防雷施工资质的单位进行施工。

干衣机选购指南

目前市面上的干衣机大致分为滚筒式干衣机和多功能挂式暖风干衣机两大类。挂式所用材质比较简易，使用寿命较短。滚筒式干衣机原理主要采用加热管烘干、风道出风的技术，使用寿命较长。

一般家庭选购以 4.5~5 公斤的最为适宜，而且并不是所有衣服都能放进去烘干，只有可以承受 75℃高温的衣物才能放入干衣机，含海绵乳胶、橡胶或丝质的衣物等不可放进机内烘干；由于滚筒式干衣机的使用寿命较长，所以最好要选择不锈钢滚筒产品，以防生锈。

其实，干衣机的选购相对比较简单，如果已经买了一台洗衣机，那么配合一台滚筒式干衣机即可；如果还没有购买，则建议选购带烘干功能的滚筒洗衣机。一方面，性价比较高；另一方面，现在不少烘干一体化的滚筒洗衣机都偏向智能化设计，具有强力烘干、低温烘干、标准烘干、熨烫式烘干等多种烘干模式可供选择，减少了对衣物的磨损度，所以经济条件允许的消费者也可考虑购买。

家用洗衣机养护技巧

新买的洗衣机在使用半年后，每隔 3 个月都应用洗衣机专用清洁剂清洗一次。家庭经常清洗洗衣机，可以与衣被、毛巾等的消毒同步进行，即在浸泡消毒衣被、毛巾等物品时，直接将需消毒物品连同配制好的消毒液一起倒入洗衣桶内浸泡 30~60 分钟，之后再以清水漂洗干净。这样不仅可以消毒衣物，还可以去除洗衣机里的污垢。

长期停用的洗衣机，也需要保养。首先，应排出积水，保持机内干净整洁。最好安放在干燥、无腐蚀性气体、无强酸、强碱侵蚀的地方，以免金属件生锈，电器元件绝缘性能降低。长期存放的洗衣机应盖上塑料薄膜或布罩，避免尘埃的侵蚀。最好隔 2~3 个月开机试运转一次，以防止部件生锈、电机绕组受潮。洗衣机不要长期受阳光直射，特别对于塑料器件，以免褪色、老化。

对于滚筒洗衣机来说在洗涤前应小心查看衣物上的标签，看是否可以水洗、熨烫等，并根据衣物的质地，如棉织、化纤、羊毛等选择相应的洗涤程序。其次，应将衣物颜色进行分类，此外应尽量把新买的有色衣物分开洗涤，查看其是否褪色。带有干衣功能的洗衣机，干衣容量为洗涤容量的一半，所以在烘干时要注意不可放置过多的衣物，避免烘干后衣物变皱。最后，在洗衣机用完以后，最好将洗衣机玻璃视窗开启一点，这样可延长密封圈使用寿命，并有利于机内潮气散发。滚筒洗衣机一定要用低泡、高去污力的洗衣粉，对较脏的衣物最好加热洗涤。

祛除洗衣机污垢

将半瓶到一瓶食用醋，倒入洗衣机内桶，加温水到 3/4 桶高，浸泡 2 小时，然后开动洗衣机让它转动 10~20 分钟，这时你会发现有许多污垢呈碎片状脱落。脏水放掉后再放半桶清水，加 1/4 瓶“84 消毒液”，开动洗衣机转 10 分钟后放掉水，再加入清水让洗衣机漂洗干净就行了。

科学使用洗衣机

1. 每 1~2 个月检查洗衣机的底座脚垫。

2. 不定期打开洗槽盖让槽内晾干，以防止霉菌滋生。

3. 在长期不使用洗衣机时应将电源插头拔下。

4. 洗衣机的控制面板及靠近插头部分，应尽量保持干燥；若发生漏电情况，电线部分已经受损，应立即找人维修。接地线不可接在瓦斯桶或瓦斯管上，以免发生危险。

5. 每次洗完衣服后，清理丝屑过滤网以及外壳，但请勿使用坚硬的刷子、去污粉、挥发性溶剂来清洁洗衣机，也不要喷洒挥发性的化学品，如杀虫剂，以免洗衣机受损。

6. 长期使用洗衣机，注水口易被污垢堵塞，减低水速，因此须彻底清理，以免造成供水不良或故障。

7. 洗衣机请勿靠近瓦斯炉，点燃之香烟及蜡烛也请勿靠近洗衣机。

8. 洗衣物若沾有挥发性溶剂时，请勿放入洗衣机，以防止火灾或气爆发生。洗衣时，请先清除口袋内的火柴、硬币等物品，并将衣服拉链拉上，以防止洗衣槽损坏。

9. 请勿让洗衣机超负荷运转，若长时间运转则可能发生异常(有烧焦味等)，须立即停止运转并拔掉电源插头，请尽快与当地服务站或经销商联系。

10. 脱水槽未完全停止前，手勿触摸。

11. 安装接地线、检修洗衣机时，请先拔掉插头，以保安全。

洗衣机杀菌功能有限

国家家用电器质量监督检验中心检验部部长鲁建国指出，严格地说，洗衣机不是“杀毒机”，号称能抗菌、杀菌的洗衣机通过内部材料的改进只能起到抑菌、抗菌的作用。

如目前比较流行的银离子洗衣机，只是在洗衣机内部使用了带银离子的材料，而银有助于抑制细菌生长。此类洗衣机只能抑制自身的细菌生长，并没有杀菌功能。再比如一些洗衣机声称带有抗菌程序，能够有效地杀死霉菌。事实上，这些程序是在洗衣之后，将内筒再次甩干，减少洗衣后水分在内筒上的残留，从而减少细菌、霉菌滋生。

加热洗涤杀菌也是目前市场上宣传较为热门的洗衣技术，采用这种技术的产品实际上是利用蒸汽洗涤，其原理是加热洗涤，洗衣时将机器里的水加热，从而实现常见细菌、过敏原以及霉菌的杀灭与去除。这种洗衣机虽然可以将水加热到100℃，但也只是在一定程度上起到了杀菌作用，并不能称之为“杀菌洗衣机”。

鲁建国提醒消费者，不论是哪种洗衣机，都不能实现完全杀菌，只能是对健康洗涤起到促进作用。要真正实现健康洗涤，消费者还得靠自己。尤其是在目前关于健康洗衣机的国家标准还没有出台的情况下，市场还比较混乱，消费者更应提高警惕。

干衣机的选购

市面上的干衣机分加热式和冷凝式，传统加热式烘干是直接将衣物中的水分烘烤成气排出，干衣速度较快，但衣料容易干燥受损；而冷凝式烘干则通过冷凝管把热气转化为水排出，干衣方式相对温和。

洗衣和干衣的容量并不是同一个概念，干衣的容量相当于洗衣容量的一半。如果有三口人的衣服，又需要烘被单，就需要用3.5 ~ 4公斤容量的独立干衣机，洗干一体机的话就得选择6 ~ 7

公斤洗衣容量的。

虽然大部分干衣机都号称“免烫”，但由于机内空间有限，烘干后的衣物不可能一点褶皱都没有，而且要保护衣料，也不宜烘得太干，所以从干衣机里拿出来的衣服如果马上穿上身就会觉得有点潮，最好还是先熨一下或者挂起来透透风。

干衣机一般有温和、普通、强力等挡位，不同的挡位在烘烤温度上并没有明显的差异，主要是依据干衣后衣物的干湿程度来区分。

七种方法识别翻新二手笔记本

电子垃圾经过专人分拣、翻新、加工之后，流入了各地二手笔记本电脑经销商手里。这种垃圾回收笔记本成本大概在 300 元，而在市场上能卖到上千元的价格。业内人士提醒消费者，买低价二手笔记本电脑一定要小心识别，避免买到实为电子垃圾的翻新机。

方法 1：检查机器表面。笔记本很多地方比如键盘附近进行磨砂处理，这些地方表面如果经常与人体接触，时间长了就会使其变得光滑发亮，这个表象一般是很难通过翻新改变的。

方法 2：检查固定螺丝。商家要进行维修和翻新笔记本时就必须拆卸，这样在一些螺丝上会留下比较明显的划痕，如果在螺丝上发现这种痕迹，该笔记本一定有问题。

方法 3：检查 LCT 显示屏的表面。观察屏幕上面是否有细小磨损痕迹，因为 LCT 表面很薄，无法进行打磨，上面磨损很难清除。

方法 4：检查表面的气味。刚开封笔记本会有工业清洗液的味道，这种味道并不太好闻。手工翻新的笔记本，由于使用了民用清洁剂，笔记本会有一种淡淡的香味，表面摸起来有一些滑腻。

方法 5：检查序列号。一般笔记本序列号位于底部的标签，要检查其是否有被涂改、被重贴过的痕迹。开机时进入笔记本主板 BIOS 设置中，检查 BIOS 中序列号和机身序列号是否一致并与包装箱上的序列号进行核对，如果这几个号码都不相同，则证明该笔记本有可能为翻新机。还可利用序列号查询该笔记本具体出厂时间。

方法 6：检查电池。新笔记本电池充电次数不超过 3 次，电池中电量不会高于 3%。如果电池电量太高或是充放电次数太多，就说明笔记本已被人使用较长时间，可以怀疑为翻新笔记本。

方法 7：检查随机附件。这些附件包括驱动光盘、说明书、保修卡等，商家在出售翻新笔记本时，很难把这些附件收集完整，特别是产品说明书，一般都是自己印制的，很容易识别出来。

电脑不能开机的处理

电脑开不了机，是一种常见的故障，处理起来并不困难，自己动动手就可以“手到病除”了。

常见的现象有如下几种：1. 开机后，电脑发出的是“哆——”的长音；2. 开机后，电脑发出的是“哆、哆、哆……”的有一定间隔的“哆”音；3. 开机后，电脑一直静默无声、毫无反应。

当电脑有这任意一种情况出现时，这时可以关机断电，打开电脑箱，在电脑主板上找到内存条的插件板，把它取出来，用脱脂棉球或医用纱布蘸无水酒精将插件板的插脚部分清洗干净，用同样的方法清洗电脑主板上内存插件的插座的插脚，待清洗部分充分干燥后，再将内存条的插件板插回去，注意要插好、到位，这时再开机一般都能使电脑开机获得成功。一般内存插件的插座有三个，如果内存插件板只有一块、两块时，那么，当内存板在这个插座中不工作时，可以换一个插座试一试；如果这个插座坏了，可以换另一个插座。搬家后开不了机的、放置了很久没用开不了机的电脑，都能用前述的方法使“开不了机的故障”得到解除。

如何实现电脑自动关机

在人们日常生活和工作中正发挥着越来越大作用的电脑，能否像闹钟那样定时自动关机？如果电脑中安装的是 Windows 7 或 Windows 8 操作系统，那么只需要通过简单的设置，这种人性化的功能便可轻松实现。

首先在 Windows 7 操作系统的开始菜单中或在 Windows 8 操

作系统的右下角利用搜索栏找到“计划任务”的管理程序，点击该程序打开界面，点击窗口右边的“创建任务”选项，此时会弹出“创建任务”界面。在该界面的“常规”选项卡中输入新任务的名称，如“Shutdown at night”，并勾选窗口下方的“使用最高权限运行”选项。

接下来切换到“创建任务”界面的“触发器”选项卡，在这里点击“新建”按钮，并勾选“每天”选项，将开始时间设置为需要关机的大致时间，如23:30，再点击“确定”按钮，便生成了一个触发事件。

下一步，切换到“创建任务”界面的“操作”选项卡，同样点击“新建”按钮，在操作选项中选择“启动程序”选项，然后在“程序和脚本”对话框中直接输入“Shutdown.exe”即可。如果用户想强制关闭电脑并终止正在运行的所有应用程序，可在该选项卡下面的“添加参数”栏中填入/S/F参数，以创建强制执行关机命令。

判断电脑中毒五法

查看电脑是不是中毒了，可以通过如下方法来判断。

1. 用杀毒软件检查是最简单、最有效、最直观的方法。

2. 用系统自带的命令，netstat–an查看下是否有向外的连接。这里要注意，看的时候要把所有联网的东西都关了，包括QQ、浏览器，还有一些下载软件等。查看到有向外连接的 IP 不一定就是中病毒了。可以到网上查询下 IP 的来源，进行简单判断，但不一定准确。

3. 用网络抓包工具，看是否向外发送不明数据包。

4. 查看启动项，运行 msconfig，然后在启动里看看有没有可疑的启动项，有的话看一下源文件是否有问题。

5. 右击“我的电脑”后选“管理”然后再点服务，看下有没有可疑的服务存在，大部分服务只要去大的搜索网站搜一下就知道存在不存在了，是什么作用。如果确定了服务是个病毒服务，那么就可以右击该服务，看下属性里，是不是有可执行文件路径，这是病毒的路径，删掉该路径，再到注册表里删掉相应的服务就可以了。

使用笔记本电脑三误区

一、拥有固态硬盘的笔记本电脑不怕震动

关于固态硬盘防震的说法让很多用户很随意地使用笔记本电脑，但实际上这是错误的。

事实上，在移动的交通工具上用笔记本光驱看 DVD 电影，震动会影响光驱读碟——由于震动，光驱中的光盘会与激光头发生摩擦，从而使光驱的读盘能力下降，对激光头造成损坏。

二、屏保程序保护笔记本电脑屏幕

许多用户在用台式电脑时有设置屏幕保护程序的习惯，这样做对于传统的 CRT 显示器也许有点用——因为不断变化的图形显示，可使 CRT 显示器荧光层上的固定点不会被长时间轰击，从而避免屏幕受损。

但是，笔记本电脑采用的是液晶显示屏，其工作原理和 CRT 显示器不太一样——一个正在显示图像的液晶显示屏，其液晶分子一直处在开关的工作状态，而液晶分子的开关次数会受到使用寿命的限制，到了使用寿命的极限，液晶显示屏就会出现“坏点”等现象。正确的保护方法是，直接关机或者合上笔记本电脑的顶盖。

三、屏幕贴膜

屏幕保护膜虽然在一定程度上可以防止灰尘以及屏幕划伤，但其弊端也不容忽视：一来屏幕膜影响用户的视觉，由于不同材质的屏幕膜有不同的透明度、折射率——使用劣质屏幕膜会导致用户看到的画面失真，颜色及对比度产生偏差；二来有些屏幕膜或会加剧屏幕的反光现象，或会降低屏幕的亮度，导致用户不得不调高屏幕亮度，这将加速屏幕老化。

怎样搜索电脑里的文件

有时候，我们会忘记某个文件放在电脑的哪个位置，而电脑里的东西很多，又不能一个一个地去找，这时候利用系统自带的搜索功能未免不是一个省事的方法。

步骤方法：1. 双击“我的电脑”打开对话框。2. 选择上方的“搜索”按钮。3. 在左侧第一行输入栏里输入要搜索的文件名或者在第二行输入栏里输入文件中所包含的文字。4. 在“搜索范围”下拉菜单中选择要搜索的范围，如果实在忘记放在哪个盘里，可以选择“我的电脑”进行全盘搜索，然后点击“搜索”按钮进行搜索。5. 搜索结果会在右侧显示，如果看到自己所找的文件出现，可以点击左侧的“停止搜索”按钮结束搜索。

注意事项：全盘搜索较费时间，建议等待片刻，不要忙着停止搜索。

关机、休眠、待机有区别

电脑开启后，很多程序都在进行。如果我们不打算马上使用电脑，选择“关机”，系统会把所有的程序关闭并保存到硬盘中，然后切断电源；“休眠”状态下系统也会把运行中的所有程序重新保存到硬盘中，它和关机的不同在于，电脑不会切断电源，对内存的供电仍持续；而在“待机”的状态下，电脑向电源发出另一种特殊信号，随后电源会切断除内存外其他设备的供电，不用关闭自己的程序，内存中仍保持系统运行中的数据，当从待机状态进入正常状态时，只要按一下电源按钮，几秒时间即可恢复。因此，继续使用电脑最好用“待机”。

笔记本电脑防中暑妙招

笔记本电脑中暑是有症状的。比如，电脑开机后一切正常，在使用过程中突然黑屏死机；或闻到机箱发出了一种类似焦煳的味儿；或者使用中感觉系统无故变慢、玩游戏的进度发生异常停顿等，这些都可能是某个部件温度超标后出现延时自保的反应。每遇到这些情况，就要考虑给电脑降降温了。

由于绝大多数笔记本的散热口都在笔记本底座部位。因此，我们要重点注意其底部的散热。散热降温有一个最简单的办法，只要选购一个笔记本散热底座就行了，这类散热底座下都配有风扇。这类底座有铝合金、铁和塑料的，最好的要属铝合金的，因为其散热性能最佳。

如果不愿花钱选购专业的散热“坐骑”，可以通过科学使用来避免升温。比如最好在玻璃板或金属上使用笔记本，因为这类材质的导热性能好。一定不要把笔记本放在膝盖上使用，机器会因身体的热度和机器自身散热受阻而导致机内温度的大幅上升；尽量不在同一时间内打开多个程序而闲置不用；不要边充电边使用，充电时笔记本会因电池温度的大幅上升而导致机身热度的大量增加；最后是安装 CPU 降温软件。

电脑放在窗子边

人们在使用电脑时，处于近距离视物状态，很容易令眼肌疲劳，因此需要经常远眺以改变这种状态。如果电脑紧贴墙壁摆放，使用者抬起头时，映入眼帘的就是一堵墙，这种情况下，眼睛不但无法得到良好的调节和放松，还会加重视神经的紧张和疲劳，长此以往会导致近视。不仅如此，还会导致大脑不断接收到紧张信号，令人们出现头昏脑涨、疲劳、焦虑等一系列不适的症状。

因此，专家建议，电脑最好摆放在窗户边，屏幕和墙壁之间的距离最好在 1 米以上。如果必须把电脑靠墙壁放置，不妨在后面的墙壁上贴一些绿色或蓝色的画（如森林或大海），这些冷色调的墙纸进入视线，传递到大脑后，可以使情绪得到镇静，并有效地缓解焦虑和疲劳症状，使人心境变得开阔。

电脑遭雷击　怎么办

夏季，雷雨不断，拿个雨伞都怕雷击，在室内操作电脑也会遭殃。有的人雷雨之夜在公司加班，外面突然出现闪电，办公室的灯跟着闪了一下，之后他听到台式电脑发出如毛衣摩擦产生静电的嘶嘶声，随即自动关机，再也打不开。

这种情况该怎么处理？又如何防范？华硕计算机研发处的专家指出，假如民众使用计算机时碰上类似情况或遭突然断电，切记先将主机电源插头拔掉，四五分钟后插回，再重新开机。假如电脑还是打不开，很可能就是主板被异常电流击穿了，不过这种概率很小，也不会造成硬盘数据毁损。他也提醒，如果担心电源不稳导致电脑死机、硬件损坏或数据遗失，除了平日养成备份硬盘数据的好习惯外，也可以安装不间断电源（UPS），以防万一。此外，挑选主机箱也是一门学问。各种机箱几乎都有电源供应器，但好坏差异很大，会影响主板的运作，因此应尽量挑选质量较有保障的品牌。

正确使用笔记本电池

目前有不少长时间插电使用笔记本的用户会将笔记本电脑的

电池卸下，认为这样能够延长电池寿命。其实在保证了良好使用习惯的前提下,卸下电池模块与否对电池寿命并没有太大的影响。对于没有卸下电池的用户，需要注意的是不要频繁插拔电源，这是因为看似不起眼儿的短时间插拔电源，也会在电池中产生充放电过程，频繁的充放电操作会缩短电池的寿命；而对于将电池放在一边的使用者来说，最好每隔一段时间（一个月左右），就将电池放入笔记本电脑进行回充，因为如果电池闲置太久，也会导致容量减小。

其次，对于锂离子电池，没有必要将电量耗尽再进行充电，这是因为锂离子电池几乎没有记忆效应。

另外，在室温下使用笔记本电脑对延长电池寿命还是有一定好处的。过冷或过热的环境温度对笔记本电脑都会造成伤害。此外，当插着电源进行操作时，外部电源会一边为系统正常运行供电，一边对电池进行充电。这样的充电过程比关机状态下的充电速度慢一些。

笔记本电脑进水了怎么办

1. 以最快的速度切断电源，拔掉电源线，拔掉电池。千万不要打算正常关机，因为正常关机的时间有可能让水进入主板了。

2. 以最快的速度把笔记本的液晶屏幕打开到最大角度，立刻倒着放起来，让键盘的水尽量流出来。注意不要让水流到显示屏幕上。

3. 此时，动手能力强的用户可以自行拆开内部组件，再晾干。如果及时处理的话一般不会进入到主机内部，因为在键盘与主板间一般会有一层膜，能减慢液体进入主机的速度。然后用吹风机的冷风吹干。注意一定要用最小挡的冷风，而且注意吹的时候水的方向，不要吹进主板或者吹到其他地方了。如果是其他黏性的饮料，还要注意用棉棒蘸清水清洁。

4. 等自然风干透了，可以尝试开机。在此之前，千万不可贸然开机，否则损坏更加严重。

5. 通电后看看能否开机，如果能开机，可以检查一下键盘等配件是否适用。如果不能开机，证明主机很可能已经进水了，只能尽快拿到专业的维修检测中心检测维修了。

电脑着火怎么办

假若家中电脑之类的家用电器着火，即使关掉机器，切断总电源，机内的元件仍然很热，并发出烈焰及有毒气体，显示器也有随时爆炸的可能。因此，应在切断电源之后，用湿毛毯或棉被等厚物品将电脑盖住。这样能防止毒烟的蔓延，一旦爆炸，也可挡住显示器碎片伤人。切记不要向着火的电脑泼水，否则很可能会使灼热的显像管爆裂。此外，电脑内仍有剩余电流，泼水则可引起触电。

同时，不要在极短的时间内揭起覆盖物察看。即使想看一下燃烧情况，也只能从侧面或后面接近电脑，以防显像管爆炸伤人。

汽车知识

如何分辨二手事故车

看点 1：轻度追尾。轻度追尾是车辆经常发生的事故之一，检查是否追过尾得从车身的前部入手。首先打开发动机盖，检查发动机盖的边缘胶条是否平整，触摸感觉是否偏软，如发现胶条不平整或者触摸感偏软，则应该是修复过发动机盖。

看点 2：重度追尾。车身的主梁和元宝架是判定是否发生重度追尾事故的主要依据，如果发现主梁上有焊接口则肯定该车发生过重度撞击。在减震器上的两个旋状小箱子上也必须是原厂胶，如果非原厂胶，也是发生过追尾事故，判定方法同上。此外，水箱框架上的铆钉全都应该是由机器敲打进去，材料为铁，如发现换为铝制铆钉，也可判定为发生过事故。

看点 3：翻车。要想知道是否翻过车很简单，如果一辆车翻车之后，维修人员在修复完毕之后肯定要为其做喷漆处理。敲击车顶部，正常情况会是特别脆的声音，如果声音发闷则是因为喷过漆，那基本上就是翻过车。

看车龄选购二手车

1 年以内：1 年以内的车辆，车况基本上没有什么问题，而且它还可以继续享受商家的新车保用期，只要做到常规保养即可。这时，新车主购买时主要应注意过户方面的问题，比如证件齐全、车权明确等。

2 ~ 3 年：这个车龄段的二手车价格比起新车有明显差异，车辆已度过了磨合期，性价比较高，车况良好。只要进行常规保养，使用基本不成问题。但如果属于使用较频繁的车辆，新车主购买后，就要视情况适当更换配件，尤其是一些易损件。

4 ~ 6 年：这个车龄段的二手车价格更加便宜。但它只需要合理、适时的保养，良好的检修，在性能上完全不会逊色于新车。

选汽车也要“望、闻、问、切”

“望”，就是对车的外观、内饰、发动机舱等部位进行仔细观察。注意整个车身的缝隙，包括车门缝隙和前后保险杠缝隙都要均匀，漆面无色差。对内饰做工还是观察接缝缝隙的大小和有无毛刺。

“闻”，就是通过听觉来分辨车的优劣。发动机在运行中有无异响是衡量发动机好坏的重要因素。在发动机怠速状态下轰几脚油门，发动机的声音应该是由小到大的平稳轰鸣，如果夹杂着细小金属撞击声或沉闷的碰撞声，都可能是发动机存在缺陷。此外，关车门的声音应该厚实，在驾驶室里听外面的嘈杂声越小越好。

“问”，就是咨询将要提走的某辆车的具体情况。如该车是哪天出厂的、哪天进店的等，可以问厂商、问销售商。

“切”，就是试驾。试车应着重测试5个方面。首先试发动机怠速，其次是试制动，再次是试转向，第四是试挡位，第五是试行车噪声。

购车赠品选哪些划算

防爆膜。防爆膜市场上一向假冒伪劣产品充斥，所以，消费者在选择防爆膜赠品时要留一个心眼，选择大品牌，消费者可以通过上网查询，对其产品真伪进行鉴定。

车载导航。有些经销商赠送的车载导航仪，恐怕你连品牌都没听过，还不如换成现金抵消车价划算。

防盗器。相对来说，汽车防盗器是较为实用的赠品。一般来说，汽车防盗器几乎都增加了许多人性化的功能，比如远程遥控、自动升窗等功能。

汽车香水。汽车香水可有可无，产品质量也令人担忧，但是有些“抠门”的经销商还是喜欢拿它当赠品，如果碰上，大声说“不”吧。

挡泥板、地毯等。这些汽车赠品一般价值就在几十元到一两百元之间，属于较为便宜的赠品，从实用角度来考虑，也建议购车者为新车加上。不过由于挡泥板、地毯等价格较为便宜，建议车主除了经销商原本所能提供的大礼包外，额外再要求经销商赠送。

买车前琢磨七件事

底盘最小离地间隙：目前我国道路状况远不如国外，因而离地最小间隙直接关系到汽车通过能力。

油箱大小：如果跑长途的机会较多，还是需要选择大一号的油箱。

天窗：天窗是负压原理换气，车窗是正压原理换气，简单说，天窗是向外抽气，车窗是向内进气。从实用角度看，如果不在车内抽烟，天窗的作用是不大的。因为夏天，开天窗会使车内温度升高，冬天则不利于保温。所以，除了使车里显得敞亮外，天窗的作用是有限的。

轮毂尺寸：通常人们都认为轮毂尺寸只是简单的美观问题，其实不然。轮毂大，胎的扁平比就大，操控性就好。而且与小轮毂相比，大轮毂的车辆倾移不明显，相对安全性提高很多。所以，买大轮毂的车还是好处多多的。

发动机前置或后置：其实，前置有前置的好处，后置有后置的好处。作为普通人而言，你不可能把车开成赛道上的赛车那样，所以这种差别对普通人而言并不重要。那只是厂家一种说法而已。

变速箱：现在的车多为五挡或六挡，而有的车仅为 4 个前进挡。挡位多，意味着转速比范围大，跑起来就会省油。汽车的三大件有发动机、变速箱、底盘，可见变速箱质量和水平的重要性。

气缸数与最大车速：买车还是要考虑气缸数和最大车速。举例而言，一辆车最大车速200km/h，另外一辆车最大速度175km/h，在同等路况条件下，要求这两部车都以130公里／小时的速度行驶，最大车速高的车跑起来肯定会轻松。同样，在此条件下，6缸车跑起来比4缸车也会轻松很多。此外，一般来说同排量发动机缸数越多，燃烧越充分，也就更省油一些。

选车小技巧

三厢车与两厢车。三厢车的后备厢的容积会比两厢大，但是两厢车把后排座位放倒就可以获得一个比三厢车大得多的载物空间。两厢半综合了两厢与三厢的优点，但是密封性不如三厢。

手动挡与自动挡车。CVT无级变速箱是自动变速箱的一种，有着重量轻、体积小、零件少的特点，加上这种传动形式功率损耗小，这样就为车带来省油的好处。但是CVT应用于汽车时间不长，维护保养成本要相对高一点。

新上市车型与成熟车型。慎选新款车，原因如下：新车型有降价的可能、新车型小毛病概率增加、维修保养费用高、新款车配件价格偏高……

成熟车型的优点就是性能稳定，在维修方面也非常具有优势，售后网点多，零配件国产化率高而且价格低。

选汽车从何着手

1. 注意汽车的轻型化，因为重量越大的汽车越耗油。

2. 慎重选择自动挡，因为自动挡汽车虽然在行驶过程中可以省去许多换挡及踏踩离合器的工作，但价格昂贵、维修费用很高，而且使用起来比手动挡费油。

3. 要选用子午线轮胎，因为子午线轮胎的耐磨性高、滚动阻力低、节油、散热快、胎面不易刺破。

4. 要选用铝合金轮圈，因为铝合金轮圈的使用效益远高于钢制轮圈，且质量轻、省油、散热性能好、能增加轮胎寿命、真圆度高、可以提高车轮运动精度，适合高速行驶，弹性好，能提高车辆行驶中的平顺性，更易于吸收运动中的振动和噪声。

5. 不要迷信进口车，因为进口车修理费用及配件供应方面不占任何优势。

6. 要关注汽车的配置，更要关注汽车的动力、安全和舒适性。

你不知道的汽车交易知识

1. 消费者较难追究厂家责任。很多消费者购买汽车是冲着汽车品牌和汽车制造厂家的名气去的，并以为实力雄厚的汽车制造厂家会对全部汽车问题负责，其实这是错误的。合同讲究相对性，汽车生产厂家只对汽车质量缺陷负责，而进入市场后新车如果有瑕疵或损失，只能由汽车销售商负责，消费者根本不能直接追究厂家责任。

2. 合同细节至关重要。在汽车销售合同中，有几点非常重要，消费者应当小心，如车辆交付的时间、上牌问题、质量标准、检验期、质量保证期、违约责任、争议解决等。

3. 新车买来其实有“检验期”。检验期并不同于质量保证期，前者是车辆是否存在质量问题的发现期，而后者其实就是免费保修期，同样的质量问题，对于销售商而言，其承担的责任是完全不同，而购车人的权利也是不同的，当然，有时销售商提供的合同也会出现纰漏的。

4. 买车前可更改购车合同。违约责任的内容通常会对销售商非常有利，根据我国法律，合同违约，其赔偿责任包括直接损失和间接损失，但双方可以做特别约定。由于合同是销售商提供的，其一般都会将其责任限定在非常狭窄的范围内，这点对消费者非常不利。

5. 发生争议后并非在法院仲裁。争议解决条款，纠纷的最终解决不是在法院就是仲裁，销售商可能会根据自己的社会资源等情况选择最适合自己的管辖法院或仲裁委员会，而此对消费者而言通常意味着较高的诉讼成本和风险。

试驾车试什么

一、考察操控性，主要考察车辆对驾驶者操作的“听话”和“响应”程度。在试车之前首先启动发动机，感觉车辆的怠速是否平稳，可以在车外听运转过程中是否有异响，也可以在车内看转速表有没有“忽高忽低”的现象。起步时车辆应平稳，新车换挡不应有挂不上、摘不下或齿轮有响动等现象。接着通过加、减挡位，看看变速器运行情况，再轻打方向盘，感觉转向系统是否满意。

正常行驶方向应不跑偏，能自动维持直线行驶，转变后可以基本自行回正，车辆掉头，左右转向打到极限时车轮应不受干涉，无异响。同时，低速时轻踩刹车，以适应刹车力度。

二、车辆动力性如何至关重要，这一项主要是看车辆低速运行情况及起步加速时各转速区动力表现。对于手动挡车型，可以在车子起步时，将变速器挂入 1 挡，松开手刹，然后慢抬离合器踏板，但不要踩油门踏板，如果车辆能够轻松起步而不熄火，那么，该车的低速应该是不错的。对于自动挡车型，可以将变速器挡设在 D 挡，松开手刹，然后深踩油门，看看车速能否随着转速的提升而迅速提高。

三、车辆行驶的舒适性，不仅要看车内空间是否合适、座椅乘坐感是否舒适等，还要重点看看车辆的减震性能和车内噪声情况。可以有意走一走坑洼路面，感受一下车辆的减震效果是否有韧性,受到震动后,车子是否能马上恢复平稳,不会出现震动余波。

驾车特殊路段巧拐弯

狭窄道路上的转弯：应视道路情况，在开始转弯前50～100米处轻按喇叭，减速慢行。当汽车行至弯道视线受阻地段时，应把汽车迅速驶向道路右侧，以免妨碍其他车辆正常行驶。

傍山险路上的转弯：因此种路段复杂，视距较短，行时前方情况不明，应控制车速，勤按喇叭，并随时选择前方路基坚实、路面较宽的地点准备会车，如弯道前方发现对方来车信号而两车尚未见面时，应提前选择适当地点，主动礼让，使对方来车方便通过。

交叉路口的转弯：左转弯时，要提前发出转向信号，转向线路尽可能靠近道路中心线，为后车和右转弯的车提前发出转向信号，转弯要缓慢，同时注意转向时内轮差的影响，防止右后轮驶出路外，擦碰行人和建筑物。

陡坡处转弯：临近弯道时，要减速、鸣号慢行，在陡坡处转弯预先换入低速挡,以保证足够的爬坡能力,避免在转弯中换挡。转向时机要选择适当，应做到一次性转过，避免转向不灵需要倒车带来的危险性。

城镇街道或出入大门的转弯：应特别注意路旁的杂物，在

50 ~ 100 米减速、鸣号，用转向灯或手势表示行驶方向，做到一慢、二看、三通过，密切注意汽车转弯内侧，谨防靠路边并行又不明汽车行进方向的行人、自行车、拖拉机、摩托车争道抢行。同时，还要注意前轮外侧和后轮内侧及汽车货箱与障碍物碰撞刮擦。

浓雾、风沙天的转弯：在这种天气下驾车转弯，一定要心中有数，及时打开前小灯和防雾灯，勤按喇叭以引起行人、车辆的注意，缓慢行进，并随时做好制动停车的准备。

四招让爱车不“发火”

第 1 招：防汽油、水过度蒸发。高温下，油及水的蒸发都将增加。车主应随时检查，注意盖严油箱盖，还要防止油管渗油。对于水箱的水位，机油油面、高度，制动液液面高度等都要经常检查。

第 2 招：防发动机过热。长途行驶途中要注意适时休息，尽量选择阴凉处，并打开发动机罩通风散热。当轮胎气压因受热而增大时，应立即停车降温，不然就有爆胎的危险。

第 3 招：防汽车自燃、自爆。气温高时散热慢，汽车水箱的温度常常因居高不下而影响发动机正常工作。高温也使得一些部件膨胀变形。同时，长时间使用车载电器、空调系统也会导致汽车的电路系统过热，如果各种电线或者电阻盒平时不注意保养，过热时甚至会导致汽车自燃。

第 4 招：防润滑油氧化变质。润滑油易受热变稀，抗氧化性变差，易变质，甚至造成烧瓦抱轴等故障。因此，应在曲轴箱和齿轮箱里换上夏用润滑油，经常检查润滑油的数量、油质情况，并及时加以更换。

开汽车空调前先通风

开车前先通风后开空调。夏季，很多人习惯在出门或下班前，先把车内空调打开，等温度降下来，再开车上路，这是非常不好的习惯。汽车长时间停驶处于密闭状态时，车内空气非常污浊，如果直接把空调打开，会使有害气体蓄积，对人体健康产生危害。正确的做法是在开车前，先打开车窗通风，使车内空气充分对流后，再关闭车窗，开空调降温。

开空调前先开高风挡。空调在使用过程中会吸入很多尘土，甚至是病菌等，在开始使用空调时，先开一会儿高风挡，有助于把里面的尘土、病菌等吹出来一些，此时可以简单地对车中做一些吸尘清洁。然后在开车的时候可以再改为低风挡。

汽车低速行驶时别用空调。汽车在堵车等情况时，发动机里的燃油是不充分燃烧的状态，会产生一些有毒气体，如果这时一直关闭车窗，开着空调，对人的健康不利。

熄火前几分钟先关闭空调。很多人开车到了目的地，等熄了火才把空调关上，然后一锁车门走了。这也是非常不好的习惯，一方面第二天带着空调启动的压力点火，会加快发动机的损耗；另一方面难以保证车内空气流通，第二天打开车门时，车里会存留很多有害气体。正确的做法是，在快到达目的地前，先提前几分钟关闭空调，打开车窗自然通风，然后再熄火。

绿色开车“七不要”

怠速时间不要太长。车子启动后在原地停留超过 1 分钟，不但损害发动机，也增加了二氧化碳排放。实验证明，发动机空转 3 分钟的油耗足够让汽车多行驶 1 公里。建议：不用原地热车，只要不马上加速，慢行几分钟让引擎热起来，再均匀加速就可以了。在等红灯或者等人时，超过 1 分钟或是堵车怠速 4 分钟以上，请马上关掉引擎。

加速不要猛踩油门。猛力加油要比缓慢加油多耗油 12 毫升左右，还会造成噪声污染、轮胎磨损和追尾风险。

不要低挡行车。较低的挡位意味着较高的发动机转速和油耗。在路况相同、速度均等条件下，4 挡、5 挡的油耗仅为 7.9 升，3 挡、4 挡的油耗为 9.1 升，而 2 挡、3 挡的油耗是 11.7 升！

不要频繁变道。汽车在转弯时阻力增加，会多消耗能量，同时由于时常要加减挡，也会多耗油，还会使大量的燃油变成没有充分燃烧的有害尾气。

不要把车速放得太低。最省油的方法是匀速行驶。在风速低时，最省油的时速是70~90公里之间。

不要急刹车。每一脚急刹车的成本至少是1毛钱，更有害的是，90%以上的追尾都是由前车急刹车造成的。建议：提前抬起油门，使汽车自然减速达到“以滑代刹”的目的，尽量减少急刹车。

高速行驶时不要开窗。行驶时开窗会增加30%的阻力，消耗汽油。

哪些驾驶技巧不安全

1.快速换挡。快速换挡没有错，关键是很多车主一起步就开始换挡，认为可以省油且对发动机好，其实这是错误的习惯。每辆车都有参考的换挡的转速，应该加大油门使车辆达到一定转速再换挡，而且现在发动机的设计普遍都以高转速作为参考值，低转速换挡如果配合不好，车辆容易熄火和发抖。

2.空挡行驶。利用空挡行驶来达到省油目的是车主常用手法，其实无论自动挡还是手动挡车辆，空挡滑行不仅不会省油，反而有可能造成严重后果。现在汽车大部分都是采用电子燃油喷射系统，而出于安全考虑，厂家一般是不考虑空挡滑行这一情况的，所以实际上在空挡状态下车辆是属于非正常的运转状态。这时的离合器、齿轮也都会加剧磨损，所以非但不能节省燃油，还会给行车安全埋下隐患。

3.半离合。当你刚学会开车时，通常是将离合器踩到底，然后慢慢松。可是一些熟练的车主认为这样启动费时，往往挂上挡，以半离合状停车或起步。这样，时间长了会加速离合器的老化。车主最好别偷懒，尽量将离合器踩到底。

4.过弯道带刹车。很多车主喜欢把制动过程留到弯道中，其实应该在入弯前就踩刹车，入弯后踩油门。过弯道时踩刹车，会使前后左右的刹车磨损程度不一样，时间长了会导致车辆制动时发抖，影响车辆平衡性。如果方向和制动力度控制不合理的话，还会引起事故。

雨天高速开车基本要领

1.控制车速。由于雨天路面湿滑，轮胎的摩擦力下降，汽车的制动距离也会大大延长，因此，雨天的行车速度至少应比晴天减少两成。特别在积水路面，为防止打滑现象更应减速行驶，同时增大跟车距离。遇有情况，要及早采取预见性措施，注意观察周围车辆的动态状况，不要抢道行驶，尽可能不要超车。若路面积水达到两毫米左右时，应把车速降到最低。

2.慎用紧急制动。路面附着系数的下降，不仅使制动距离延长，而且会使汽车抗侧滑能力大大减弱，汽车紧急制动时，极易产生侧滑和甩尾，而使汽车失去控制力，导致事故发生，所以，雨天在高速公路上行驶应尽可能避免使用紧急制动。

3. 安全防范少不了。驾驶员在思想上提高安全防范意识也非常必要，事故往往在安全意识麻痹的时候发生，因此不论是在普通雨天还是暴雨天气，都要充分意识到行车的危险性，谨慎驾驶。出车前要早做好车辆检查，包括雨刮器、制动系统和灯光设备等，以免出现问题时陷入危险。

炎夏用车毛病全搜罗

穿拖鞋开车。夏天，不少人喜欢穿拖鞋外出，穿拖鞋开车的也不在少数，这是很危险的，在发生紧急情况的时候如果踩油门或刹车时拖鞋不跟脚，很有可能因此延误时机造成交通事故。另外，女士穿高跟鞋也较危险，容易出现鞋卡在制动踏板的情况。

建议喜欢穿拖鞋的司机，在车里放一双平底鞋，开车的时候换上平底鞋。但切忌把换下的拖鞋放在前座下或前座旁。

天热不系安全带。夏天到了，因为工作需要，有时需要穿着较为讲究的时装，而系安全带有可能弄皱身上的衣服，往往会心存侥幸而不系安全带。

此外，需要注意的是，夏天女士乘车或开车，最好不要佩戴胸部挂饰，因为在遇到突发情况急刹车时，金属胸部挂饰容易造成胸骨骨折等严重伤害。

戴颜色太深的墨镜。墨镜的暗色能延迟眼睛把影像送往大脑的时间，这种视觉延迟又造成速度感觉失真，使戴墨镜的司机做出错误的判断。有研究表明，过深的墨镜会把司机对情况的反应时间延长 100 毫秒，结果增加了 2.2 米的急刹车距离。

正确使用车内空调

夏日炎炎，车内不开空调等于受罪，可是大部分车主对于车内空调的使用并非很了解，每年都有因车内空调使用不当而造成的一氧化碳中毒事件发生。现介绍车内空调的正确使用方法。

1. 爱车“暴晒”后不要马上开空调。应先打开所有的车窗甚至车门，让车内的热气排出车外，等到热气散去后再开启空调。

2. 车内温度 22℃感觉最舒适。如果车内温度过低，容易使人患上关节炎、肩周炎、腹痛等病症。

3. 汽车在停驶时，不要长时间地开着车内空调，即使是在正常行驶中，也应经常开窗，让车内外空气对流。

4. 驾车人或者乘车人比如感到头晕、发沉与四肢无力时，应及时开窗呼吸新鲜空气。

司机怎样防春困

行车少开空调。开空调易造成车内氧气不足，导致脑缺氧而降低警觉程度。车内可放置含薄荷、百合花香味的香水，有助于提神。

开车时不要吸烟。烟雾中含有尼古丁和一氧化碳。尼古丁初期对神经系统有兴奋作用，后期起抑制作用，使人的注意力和记忆力逐渐衰退。一氧化碳能与血液红细胞中的血红蛋白结合，降低红细胞正常输氧能力，造成人体因缺氧发生困倦。

不要借助咖啡或浓茶提神。咖啡和浓茶只能带来一时的兴奋，但不能使你清醒地观察路面、做出正确的反应，而且短暂的兴奋之后是持续的抑制状态。

开车出现困倦须休息。一般每行车 3 ~ 4 小时后应停车活动一下，做做深呼吸。如在驾车途中感到有倦意，一定要停车休息。

注意饮食调剂。春天阳气生发，辛甘之品有助于升阳，温食有助于护阳，姜、葱、韭菜宜适度进食，黄绿色蔬菜如胡萝卜、菜花等宜常吃。另外，在行车前最好不要大量食用牛奶、香蕉、莴笋、肥肉及含酒精类的食物（如酒心巧克力等）。此类食物易使人产生疲倦感或引起明显嗜睡乏力，具有催眠作用。

保持足够的睡眠时间。保持正常的生活节奏，避免过多的夜生活。

雪天行车宝典

“保洁”车灯。阴天下雪时，能见度差或光线昏暗，这时要使用示宽灯、雾灯，甚至前照灯，以便别的驾驶员能容易看到你的车子，保障安全，所以要及时保持前、后车灯的清洁。

易结冰路段。阴暗的地方、桥梁上、高架道路及小路口都是比较容易结冰的地方，开车经过这些地方时，必须加倍小心。遇到状况，尽量减速，并保持镇定。

循辙行驶。积雪路上若已有车辙，应循车辙行驶。按车辙行进时，方向盘不得猛转猛回，以防偏出车辙打滑下陷。

“刨沟”防滑。上坡时，必须与前车保持加倍的距离，争取“一气呵成”完成爬坡。万一爬坡时轮子因地上结冰而打滑，则可在车轮前后撒些沙子或铺上毛毡，增大摩擦力。必要时也可利用工具将地上的硬冰打成一条条横沟，以避免车轮打滑。

侧滑侧打。遇到车辆侧滑时，正确操控方向盘可有效避免甩尾或原地掉头。应顺着侧滑方向轻打方向盘，待车身回正后，再轻踩刹车减速（有 ABS 设备的则需将刹车踩到底），直到完全控制住车辆。

避免泊车。应尽量避免在雪地上泊车，因为在雪地上起步会很困难。如果必须在有雪的下坡泊车，前后要留有足够空间，以便于驶离车位。如果有太阳，尽量把车停在阳光可照到的地方，这样可以使车辆易发动。

新手驾车八注意

一、新车驾驶需温柔。在磨合期一定要注意速度，车速要控制在90km/h以内。急加速和急减速对发动机有影响。

二、尽量避免急刹车。由于新车部件未能啮合到最佳状态，紧急制动不但使磨合中的制动系统受到冲击，而且加大了底盘和发动机的冲击负荷，所以在最初行驶的300km内不要采用紧急制动。

三、换挡需及时。手动挡车型换挡要及时恰当，避免高挡位低转速和低挡位高转速行驶，也不要长时间使用一个挡位。这样可以减小油耗。

四、严格遵循保养规定。遵循厂家的规定按时做保养，首保尤其重要。

五、养成良好的驾驶姿势。正确的驾驶姿势不但可以消除长时间驾驶的疲劳，还可以使驾驶动作更准确、迅速。脚踩离合器到底时腿部应保持弯曲，调整好座椅靠背后手腕应能搭在方向盘上方。

六、方向盘握法要正确。有些新手在大转弯时习惯“掏轮”，紧急情况下手不能及时抽回并且极易伤及手臂，应改掉这种不良习惯。

七、停车要谨慎细心。对于侧位入库，一定要倒车进入，这样方便调整方向；对于垂直入库，一定注意与左右车辆保持距离，以不妨碍左右两车开门为宜。

八、油、液择优使用。一定要按厂商规定标号加油；润滑油被称为车辆的“血液”，新车一定要选择厂商推荐品牌和型号。

长途驾车八注意

第一，离开出发地后五十公里内和快要到达目的地五十公里内易出事故。刚出发时还没有进入状态，这时候容易出事。当快要到达目的地时，归心似箭，也很容易酿成事故。

第二，在长途驾车时，非本车司机或非专业司机有出于善意的让驾车人休息一会儿的想法，来做替驾。这时候很容易在替驾身上出问题。

第三，开车接电话，尽管车速不快，但由于精力不集中，极易出岔子。

第四，高速公路上行车最好走中间道，不要老是走超车道。如果万一对面发生情况，有车“飞”过来的话，一般都是砸到超车道上的。

第五，不系安全带，发生碰撞后，人往往会从前挡风玻璃直接“飞”出去。

第六，下雪等特殊天气行车一定要注意路上的坑洼。或许是很小很浅的坑洼，但会酿成车毁人亡的大事故。

第七，长途行车，对工程车、翻斗车要保持安全距离。

第八，在城市内行车，要注意与出租车保持安全距离。因为出租车司机看到乘客后，往往会直接靠边，这时候如果跟得太紧，就会拦腰撞上去。

自驾出行谨慎第一

别让爱车带病上路

在出行之前，对车辆的各大零部件进行一次彻底检查是必不可少的。大到发动机的保养工作，小到灯光和轮胎等的检查，都疏忽不得。

不要长途疲劳驾驶

驾驶人在疲劳状态下，会出现视线模糊、腰酸背疼、焦虑、注意力不集中、反应迟钝等现象，如果仍勉强驾驶车辆，则可能导致交通事故的发生。

建议自驾出游前要有充足的睡眠；不要服用使人困倦的任何药物；不要长时间驾驶车辆，并尽量不在深夜驾驶；行车中保持驾驶室空气畅通、温度和湿度适宜，减少噪声干扰。

新手避免忙中出错

如果你是新手，最好不要轻易尝试长途驾驶。据统计，驾龄不满 1 年的新手普遍驾驶经验不足，引发交通事故的概率远远高于老手，尤其是在变道、超车和倒车时，容易忙中出错，因线路不熟和操作不当引发事故。

老手避免麻痹大意

即使是有多年驾驶经验的老手，在自驾出行时也不可麻痹大意，特别是在起程后不久和返程途中，容易出现情绪高涨和归心似箭的心理，安全意识一旦松懈，事故便接踵而至。

新手驾车三个误区

精力过于集中。新手在驾驶过程中，因为行车经验少，“手潮”，容易造成精力过于集中。比如，总是担心前车制动，眼神老是往前车的刹车灯处瞄；转弯时只把注意力放在转弯方向，而忽略了其他方向的来车，这是很危险的。

精力过于分散。有的驾驶员在行车过程中对自己的驾驶技术过于自信，眼光和注意力随时都会被路边和车外的情景所吸引。更有甚者，车都过去了，还要回头去看，这种情形也是很可怕的。

过分追求理论数据。新手一般都会在阅读完汽车使用说明书后上路，因为缺少实际的行车经验，往往很教条地完全按照说明书来操作，于是在行车过程中就总会过分地关注转速表、速度表等数值是否与说明书中一致，生怕发动机的运转超过了理论数值，由此精神负担过重，过于紧张。其实，水温表、机油表远比它们更值得关注。

夏天开车挑副“偏光墨镜”

北京同仁医院验光配镜中心技术总监唐萍说，偏光墨镜之所以适合开车一族佩戴，是因为偏光墨镜能减少眩光，有效地排除和滤除光束中的散射光线，使视野清晰自然。佩戴偏光墨镜就如同房间的窗户上装有百叶窗，窗外的光线被调整成同向光进入室内，使室内的景物看起来就会柔和而不刺眼。除此之外，偏光墨镜还能减弱强光、抗疲劳、防紫外线等。

另有研究说，颜色过深、镜架过大的墨镜不适合经常开车的人佩戴。这是由于镜片颜色过深的墨镜能延迟眼睛把影像送往大脑的时间，延长驾驶者对情况的反应而出现事故。戴宽大而重的墨镜，会令驾车人眼睑和颊部有酸、胀、麻木的感觉，可能会分散驾驶者的注意力。

另外，唐萍提醒消费者，测试这种镜片时，可以用专门的测试偏光墨镜的卡片，如果是真正的偏光镜片，则可以看到图片中某些特殊图案或文字。而普通的镜片则看不出来。戴上偏光墨镜后，在太阳下看金属、玻璃等反光物品，可以明显感到没有刺眼的感觉。

汽车上哪个座位最安全

国内小汽车座位的安全排序这样分配：

1. 后排驾驶员身后另一侧座位。观察许多车祸图片会发现，在碰撞中，除非超级严重的事故，否则一般不会涉及此位置。尤其是在城市道路开车，此位置可以说是万无一失。唯一能够威胁到该位置人员生命的似乎只有在高速公路上被追尾而发生惨烈车祸。

2. 驾驶员身后座位。许多人都认为这个位置能够沾到驾驶员的光，在出现车祸的一刹那，司机肯定会无意识地躲闪，就算不躲，也还有司机在前面顶着，可以算是车内最安全的位置。其实不然，有一种情况似乎被大家忽略了：当车从辅路进入主路的时候，这个位置是最先暴露在主路正常行驶的车辆面前的，尤其再碰上“二环十三郎”速度的哥们儿，那或许是“撞你没商量”！

3. 驾驶员座位。大多数驾驶员还是能系好安全带的，这在很大程度上保证了他们的安全。最重要的是，车在他们手里，在紧急情况下，他们会本能地躲避危险。

4. 副驾驶座位。这个位置可以说是司机的“挡箭牌”。在遇到事故的时候，司机都会下意识地用副驾驶去撞击前面的物体，坐在副驾驶座位上的人充当了驾驶员的替死鬼。如果坐这个位置上的人不喜欢系安全带，那么他们的危险系数更高。

5．后排中间座位。这个位置当仁不让“荣膺”最不安全座位头衔。因为，在中国，除司机主动系安全带外，其他座位乘客，几乎没有系安全带的意识。一旦发生紧急意外情况，司机一脚紧急刹车，后排中间座位上的乘客很可能“义无反顾”一头扎向前挡玻璃……

学会安全坐车

日常坐车时，务必注意不要靠近车门，更不要靠在车门上，以防在急刹车时碰到门锁，不小心把车门打开，在车祸一瞬间从车上掉出去；不要在副驾驶位上睡觉，以防车辆变速或摇动时，头撞上挡风玻璃或冲出车外而发生意外；车内的乘客应当警觉，头和身体靠在自己座位的椅背上，以防刹车时，头部在前冲后仰中受伤；坐在后排的乘客，可将轻便衣物放在靠背上，可避免在急刹车时，头部与椅背直接相撞；突然刹车时，应迅速用手保护好头部和胸部，以免受损。

车祸一瞬间，车厢内的乘客可迅速向前伸出一只脚，顶在前面座椅的背面，并在胸前屈肘，双手张开，保护头部，背部后挺，压在座椅上。或迅速用双手用力向前推扶手或椅背，两脚一前一后用力向前蹬，使撞击时的力消耗在手腕或腿之间，从而缓冲身体向前冲的速度；同时，不要大喊大叫，而应紧闭嘴唇，咬紧牙齿，以免相撞时咬坏舌头。

如果车门弹开，车内人员也可跳车逃生。这时，应迅速解开自己身上的安全带，身体抱成团，头部紧贴胸前，脚膝并紧，肘部紧贴胸侧，双手捂住耳部，腰部弯曲，从车上滚出。最好向周围的草地、烂泥地顺势滚动，以免着地部位受伤。

当油箱爆炸使乘客衣服着火时，尽量屏气，待车门一开，即跳出并在地上打滚，压灭火苗。必要时可打碎玻璃逃生。

安全停车有讲究

顺行停车，注意低矮障碍物。在允许停车的路边泊车位里，尽可能按照汽车行驶方向顺行停车，以防道路单行造成车辆逆行，甚至导致交通堵塞。另外，消火栓等低矮障碍物由于个头小，通常都处于驾驶者的盲区，因此车主在马路边停车时，需要格外留意道路两边的低矮障碍物。

留足空间，小心被他车误伤。一般而言，小巷的停车位都比较狭小，所以停车时一定要尽量留出空间，不要影响其他车辆的通行，同时也最大限度减少车辆被剐蹭的概率。在狭窄的小巷里停车时，最好在停好车时，能够将爱车的两只“大耳朵”——倒车镜折收起来，给其他车辆多提供一些空间。另外，还要注意给旁边的车辆留够开启车门的空间，以及给后车留够驶出的空间，以免其他车辆进出停车位时误伤到你的爱车。在住宅区停车时，尽量不要将车辆停放在阳台下面，以免楼上的花盆等物品掉落后砸到你的爱车。

防止被盗，昏暗处不要停车。尽量不要选择灯光昏暗或人流量小的地点停车。一则，可以防止汽车被盗事件的发生；二则，最重要的是避免人、车被劫事件的发生。不得不在这些地点停车时，在停好车辆后车主不要急于下车，应先观察一下周围的环境。

交通事故自救逃生法

成功逃生的三大前提：1. 正确的驾姿：背臀紧贴坐椅，做到身体与坐椅无缝隙。2. 系好安全带：安全带下部应系在胯骨位置；上部则置于肩的中间，大约锁骨位置。3. 头脑冷静，判断清晰。

翻车后的逃生方法：1. 熄火：这是最首要的操作。2. 调整身体：不急于解开安全带，应先调整身姿。具体姿势是：双手先撑住车顶，双脚蹬住车两边，确定身体固定，一手解开安全带，慢慢把身子放下来，转身打开车门。3. 观察：确定车外没有危险后，再逃出。4. 逃生先后：如果前排乘坐了两个人，应副驾人员先出，因为副驾位置没有方向盘，空间较大，易出。5. 敲碎车窗：如果车门因变形或其他原因无法打开，应考虑从车窗逃生。如果车窗是封闭状态，应尽快敲碎玻璃。

汽车入水后的逃生方法：1. 汽车入水过程中，由于车头较沉，所以应尽量从车后座逃生。 2. 如果车门不能打开，手摇的机械式车窗可摇下后从车窗逃生。3. 对于目前多数电动式车窗，如果入水后车窗与车门都无法打开，这时要保持头脑冷静，将面部尽量贴近车顶上部，以保证足够空气，等待水从车的缝隙中慢慢涌入，车内外的水压保持平衡后，打开车门即可逃生。

四种错误的汽车保养法

一、烈日下洗车——伤车漆。很多车主喜欢在烈日下洗车，认为这样洗后很快就能将车身上的水晒干。实则错矣，在烈日下洗车，水滴所形成的凸透镜效果会使车漆的最上层产生局部高温现象，时间久了，车漆便会失去光泽。若是在此时打蜡，也容易造成车身色泽不均匀。

二、圆圈方式打蜡——效果差。很多人给车身打蜡都习惯性地以圆圈方式进行，这是不正确的方法。正确的打蜡方式是以直线方式，横竖线交替进行，再按雨水流动的方向上最后一道，这样才能达到减少车漆表面产生同心圆状光环的效果。

三、冷却水温度太低——磨损发动机。夏季，有的司机为了防止发动机温度过高，一味要求冷却水温度尽可能地低；有的司机为了达到降温的目的，干脆把节温器拆去，这些做法都是不对的。汽车发动机既怕热又怕冷，如果冷却水温度过低，会使燃油燃烧恶化，油耗增加，加剧磨损，机油黏度增加，发动机功率降低。因此，发动机冷却水的温度并非越低越好，一般应控制在80 ~ 90摄氏度之间。

四、水箱“开锅”速加水——气缸开裂。夏季天气热，有的司机一看见水箱出现“开锅”现象，就担心发动机温度再升高，立即熄火加水。这种做法是错误的，它极可能造成气缸盖因为突然受冷而出现开裂现象。如果碰见水箱“开锅”，一般正确的处理方法是：立即停车，让发动机保持怠速空转继续散热；同时打开发动机罩，提高散热速度。待冷却水温度降低后，再将发动机熄火。此时如果冷却水数量不足，应缓缓添加，以防气缸盖因骤然受冷而出现开裂。

除车中异味　哪种方法好

活性炭——可放心使用。如果你对自己的车内空气不放心，不妨到商店购买一些活性炭的空气净化装置。而且使用活性炭属于物理方法，不会产生二次污染，可以放心使用。

水果——只能遮盖气味。放置柠檬、柚子、菠萝等，是靠挥发香气起到遮盖异味的作用，并不能分解清除空气中的有害物质。市面上常见的空气清新剂，也是起到遮盖的作用。

车用香水——没有降解功能。香水本身肯定没有分解、降解车内有害物质的功能，只能起到遮盖气味的作用。专家认为，这样的香水不但不能净化空气，反而会加速车内空气中甲醛和苯等物质的超标，造成“二次污染”。

光触媒、臭氧——要防二次污染。不少汽车服务店都推出了光触媒、臭氧等方法净化新车空气。二氧化碳光触媒受光照射后产生的氢氧基，可以将有机化合物分解为二氧化碳等无毒无害的物质，这种方法见效快，但是对甲醛污染的处理效果不明显。

臭氧具有灭菌、消毒的作用。但臭氧只是对现有空气中的有害气体进行净化消毒，事实上，很多车内的有害气体挥发的时间很长，尤其是在室内装修时产生的甲醛，挥发时间可能长达15年。因此臭氧的净化效果有限，而且很容易造成二次污染。

冬天这样给车“洗澡”

水不宜过冷。冬季洗车，水温不能太低。因为冷水直接冲洗不仅容易导致车身被冻住，而且在发动机盖等温度较高的部分，漆面突然大幅度降温，容易造成漆面加速老化。

别忘冲洗底盘。为防止积雪结冰出现，雪后的路上会喷撒融雪剂，融雪剂会对漆面、底盘有一定腐蚀。而被车轮卷起的泥水中夹杂的污物、雪水，也会加速底盘生锈的速度。因此雪后洗车，一定别遗忘汽车底盘。

户外洗车避免结冰。冬季洗车，最好首选在室内操作的洗车店，如果只能在室外洗车，就要针对车辆可能被冻住采取一些举措：一、在洗车过程中，开启车辆的暖风。二、在钥匙锁孔处应该用胶带进行覆盖，以免锁孔进水后结冰。若锁眼已经被冻住结冰，可用热吹风机吹一会儿，或用打火机对车钥匙的金属部分稍微加热一下。三、车身上其他的活动部件，比如车门、车窗、天窗、折叠后视镜，同样有可能被洗车后残留的水结冰冻住，由于面积较大，应将车辆移动到较为温暖的地方，让其自然化冻。千万不要用热水浇车的方法来解冻，温度骤变一方面会损伤漆面，另一方面容易发生玻璃爆裂。

汽车贴膜　当心三个陷阱

陷阱一：偷梁换柱。小店可能会分割粘贴前挡膜，借机使用，对于此项要求，必须严词拒绝。提示：前挡风玻璃的弧度大、面积大，须整张粘贴。此外，前挡贴膜要求透光度更高、隔热性更好、防爆性更强，须专材专用。

陷阱二：鱼目混珠。有的商家在真膜中混假膜，令人难以提防。伪劣防爆膜的透光率低，外面看不到里面，里面也看不清外面，所谓的“隔热”、“防爆”性能难以恭维。提示：真正的防爆膜具有良好的单向透光性，不会妨碍视线。建议车主贴膜后坐在车中观察，看车窗各处颜色是否均匀，是否存在沙砾。

陷阱三：铁索横江。“可以给您打 9 折，但不开发票也没有保修卡。”这是商家给予优惠时普遍提出的苛刻条件。但是，也有不法商家将真膜、假膜混着卖，五假一真、十假一真，令人难以提防。没有发票也就没了索赔的依据。提示：防爆膜贴好后的两三天内不能升降车窗，以防卷边；5~7 天内，不要用水清洗车窗及开启除雾开关。记住，膜干得越快越好。

保养爱车　教你三个“绝招”

1. 肥皂清洗真皮座椅。真皮座椅怕硬物划伤，更怕化学清洗剂的腐蚀。用腐蚀性极小的透明皂，不但去污性好，而且干燥后皮面柔软有光泽。具体做法是：用干净软毛巾温水浸泡，将肥皂适量均匀打在毛巾上，然后轻轻擦拭座椅 (褶皱处可反复擦拭)。此时，毛巾若逐渐变脏，证明去污有了显著效果。擦完肥皂通风晾干，再用清洁湿毛巾擦拭两遍即可。此法也适用门内饰和仪表盘处塑料件。其原因是肥皂 (香皂) 去污性强，对真皮件腐蚀小。

2. 用风油精去不干胶贴。贴在风挡玻璃上的各种过期标贴极难去除。只要在不干胶贴背面涂上风油精 (浓一点)，凉透后以干布用力擦即可脱落，不留痕迹。原因是风油精能够溶解不干胶有效成分。如无风油精，牙膏替代亦可，只是效果稍差些。

3. 滑石粉化解门封条黏结。雨后汽车门封条潮湿与漆面黏连，开门不顺伴有“吱啦”声。可用一把滑石粉(小孩用的痱子粉也可以)涂于门内橡胶封条之上，症状即可消失，开闭自如，绝无声响。

减少汽车污染十一法

1. 及时发现渗漏。汽车润滑剂和其他液体的渗漏对空气造成的污染极大。

2. 给车胎充足气。在车胎完全冷却状态下，至少每两周检查一次车胎的内压。

3. 防止车内空调渗漏。每年应对车内空调进行一次彻底检查，预防制冷剂渗漏。

4. 检查气门。气门装得太紧，使大量汽油涌入发动机，未充分燃烧产生的碳氢化合物等从尾气管中排放出去，可造成空气污染。

5. 避免燃烧机油。如果从排气管中排出的是蓝色或蓝白色的烟雾，就表明汽车是在烧机油，这对空气的污染较大。

6. 应经常更换机油。在磨合前期，汽车行驶满 5000 公里时应更换一次机油。

7. 不要冷启动开动汽车。在发动机尚未预热完毕时，千万不要开动汽车，因为这样可以减少汽车对空气的污染。

8. 尽量减少发动机的空转。因为发动机空转时燃料燃烧不充分，产生更多污染气体。

9. 加速要谨慎。快加速所消耗的燃料是通常情况下的 1.5 倍，并可产生过多废气。

10. 在可能条件下，驾车应保持经济时速。每种汽车都有各自最为经济的行驶速度，这时汽车的用油最省，排放的废气也较少。

11. 在可能条件下，应尽量以匀速驾车。汽车以匀速驾驶时，所排放的废气较少，若车速忽高忽低，则会排放更多的污染物。

节后汽车保养三步走

步骤一：清洗。先给车来一个彻底清洗。注意，春节走的路多，车外壳容易积泥沙，还会有许多尘土、泥沙附在车壳上。建议在洗车前增加一道预洗的程序，即用专业的预洗液喷洒在漆面上，并等待一两分钟。经过浸泡，大部分的沙土可以与车漆脱离，再用水枪冲洗，可以避免上洗车液时沙泥划伤漆面。对于车内的清洗就必须特别注意不要让车内电器系统受到水的侵袭，同时洗车的清洁剂也应该是中性的。

步骤二：检查。清洗完车后，再仔细检查一下车身，看是否有被树枝、小石子或别的车辆不小心蹭过、划过的痕迹，若有的话需及时做一下划痕处理及修复，防止氧化生锈。当然，远驾归来后也不可忽略对车底盘、油、水和油路的检查。行走沙石路或山路等，一些不断敲打底盘的沙石还会将底盘的保护层破坏。除了检查这些项目，还要检查一下轮胎，看胎压是否足，轮胎的侧面及接地部分是否有明显的损伤；还要检查胎纹间是否有石子之类的异物等，需及时清理。

步骤三：添加。在长途旅行之后，汽车的机油、冷却液、制动液可能损耗比较大，如有缺少要及时补充添加。以制动液为例，制动液俗称刹车油，用来将车主的刹车力量传输到汽车制动器上。由于制动液在制动管来回运动，一段时间后，就会产生油泥等杂质，直接影响车辆的制动力，具体表现为车主感觉刹车“过软”，因此车主每行驶 2 万 ~4 万公里，就必须更换一次制动液。

防汽车自燃八要点

汽车自燃的原因有：油路出现问题，造成漏油、漏液；电线老化；由于高温引起易燃物品的燃烧；由于车辆撞击，或者机件故障引起火灾。

了解了引起自燃的原因，再做好以下几点，便会远离汽车自燃。

1. 夏天应对油路进行 1 ～ 2 次常规检测，发现有漏油问题一定要及时维修。而油路中的胶管两头是最容易老化裂开的，如使用时间过长应及时更换。

2. 对电路进行改动一定要谨慎，并尽量避免。

3. 停车后检查汽车底盘，确认车下无易燃物。不要将易燃物品如气体打火机、空气清新剂、香水、摩丝等放在车内容易被太阳光线照射到的部位，如仪表盘上。不要将汽油、柴油等危险油品放在车内。

4. 在行车的时候还应注意，发动机运转时，不往化油器口倒汽油；保养汽油滤清器时不用汽油烧滤油器芯子；不经常采用吊火方法；避免油路系统有滴漏；避免汽车停驶后长时间打开点火开关。

5. 不要在车内乱扔未熄灭的烟头，最好不要在汽车内吸烟，以防“引火自焚”。

6. 在夏季，汽车长时间行驶在高温下时，应该在中途多做休息、不要让车子长途暴晒。

7. 按规定在车上配备灭火器，并且记住要定期更换。

8. 车内装饰材料最好选择具备防火性能的，一旦发生火灾，火势不容易蔓延。

自己修车“四大忌”

在路边修车不放警示标志

在路边修车或者车坏在路上等待救援人员的时候，一定要在车后 50 米左右竖立警示标志。如果没有警示标志，可以找些树枝或障碍物做标记。

汽车开锅时贸然开引擎盖

在开锅的情况下，打开引擎盖，水箱蒸汽温度过高容易导致脸部或者身体其他部位被烫伤。如果出现发动机开锅的情况，首先把车停在路边，熄火，把钥匙拔下来，将机器盖支起，在阴凉处让它自然通风散热，然后打电话等待专业救援人员的到来。

油管堵塞用嘴吸油管

汽油不仅易燃易爆，而且有毒。特别是含铅汽油，会损害人的神经系统、消化道和肾脏。如果油管堵塞，车主为了通管急忙用嘴吸，很容易将汽油吸入肚里，这样会引起恶心和腹痛，甚至导致中毒或死亡。如果出现油管堵塞的问题，最好打电话找专业救援人员帮忙。

将车停在半坡维修

有些车主会将坏车直接停在半坡位置修理，而且忘记拉手刹，最后造成严重的事故。车主停车时最好找平坦无坡度的地方。检查汽车是否仍挂在挡位上，拉好手刹。如果是在有坡度的地方，最好车轮下放置障碍物防止车辆突然滑动。

爱车也要“节后体检”

1. 检查油液是否缺失或变质。长时间的高负荷运转会让发动机经受巨大考验，应重点对机油液面、防冻液液面、变速箱油液面、转向助力油液面、刹车油液面进行检查。

2. 检查轮胎内外是否符合标准。首先应对轮胎进行气压测定，保持四轮同样的胎压。同时，野外恶劣的路面很可能会影响到轮胎的动平衡，为每个轮胎重新做动平衡也是十分必要的。还有轮胎若磨损严重，应及时更换，并做一次四轮定位。

3. 检查底盘是否有“内伤”。一路的长途颠簸会给底盘带来持续的撞击，可能导致底盘的一些零件松散或变形。在检查中应注意底盘异响、方向盘抖动、车辆停放位置出现油渍等现象，如果出现这些问题最好对爱车进行一次底盘防锈护理或者做一次底盘装甲。

4. 检查刹车系统、制动距离是否正常。旅途中频繁地刹车和复杂的路况会严重磨损刹车皮。

5. 检查外观是否“车容失色”。旅途中发生意外碰撞自然要送维修厂维修，无意中留下的刮痕也应进行喷漆。

如何保养安全气囊

安全气囊必须配合安全带使用才能保证车主的驾驶安全。车主不要在前排乘客安全气囊处摆放香水瓶、粘贴饰品，一旦安全气囊打开，这些物品会被气囊弹出伤害驾乘人员。

平时应尽量让气囊和传感器处于高温和静电环境下，以免引发安全气囊错误打开；还要避免意外磕碰、震动气囊传感器，以免造成安全气囊突然展开；不要擅自改变安全气囊系统及其周边布置，不能擅自改动安全气囊系统线路，不要擅自更改前保险杠和车辆前部结构；如果车辆安装有侧安全气囊且侧气囊安装在座椅上，就不要给座椅安装坐套。

汽车每行驶 1 万 ~2 万公里后要到 4S 店检查安全气囊及其附属部件。但在使用十年之后，安全气囊的质量就难以保证了，必须进行彻底检测。

安全气囊指示在车辆启动 6 ~ 8 秒后依然闪烁或长亮不熄，就表示安全气囊出现故障；车辆在运行过程中，安全气囊指示灯闪烁 5 秒后长亮，也表示安全气囊出现故障，这必须及时到 4S 店检查、处理。

爱车过冬别忘添置脚垫

仿绒脚垫。花色各异的仿毛脚垫，有厚厚的绒毛，脚踩在上面不仅很有质感，而且十分暖和。仿绒脚垫是目前车主中使用较多的，价格也适中，市场价格 50 ~ 100 元不等。

羊毛混纺脚垫。羊毛混纺全车脚垫，表面采用密致柔软的羊毛混纺材质，弹性适度，有效防止脚底与脚垫间打滑；脚垫背面为优质的无异味 PVC 橡胶，其上均匀分布着细小的橡胶钉，可有效防止脚垫与车内地胶间的滑动，确保行车安全。但价格较高，一般都在五六百元，清洗起来也很费劲。

环保脚垫。环保脚垫具有无毒、无味、防菌、防滑、减震、隔音、耐寒的特点，能在 -30℃的时候保持原来的柔软度。环保汽车脚垫，底部材料采用进口特殊合成树脂，面料表面为高级丙纶、尼龙面料，价格在 600 元以上。

橡胶脚垫。橡胶脚垫采用橡胶原料和仿布无化纤面料，经过橡胶硫化机一次成型压制而成，在寒冷冬天使用该脚垫比较柔软，放于车内，紧贴车毡上很服帖，不发硬。且价格便宜，清洗方便。

尼龙脚垫。尼龙印花汽车脚垫采用进口尼龙面料，比一般的丙纶面料更经久耐用，更易清洗，价格适宜。采用各种化纤材料混合，外观大方，颜色自然，装饰性强，新型实用，能起到减少噪声、增加音响效果的功能。

如何给爱车选择防冻液

1. 尽量使用同一品牌的防冻液。不同品牌的防冻液生产配方会有所差异，如果混合使用，多种添加剂之间很可能会发生化学反应，造成添加剂失效。

2. 防冻液的有效期多为两年，添加时应确认该产品在有效期内。

3. 避免兑水使用。一般市场销售的防冻液有无机型防冻液和有机型两种，前者一定不能兑水使用，那样会生成沉淀，影响防冻液的正常功能。后者可以兑水使用，但兑水比例有严格要求，消费者要按照说明操作。

4. 市场上防冻液的冰点有－15℃、－25℃、－30℃、－40℃等几种规格，一般选择比所在地区最低气温低10℃以上的为宜。冰点越低，防冻液的抗冻性能越强。

5. 最好选用名牌产品，因名牌产品中一般都加有防腐剂、缓蚀剂、防垢剂和清洗剂。没有经过正规检验的产品往往具有较强的腐蚀性，对汽车的冷却系统造成损害。

6. 有些不法商贩直接加盐入水做防冻液，虽冰点下降了，但缸体和水箱严重腐蚀；也有人加入酒精，虽然冰点下降，但沸点也下降，使水箱很易开锅；也有的为减少成本少加防冻剂，使实际冰点高于所标冰点。一般优质防冻液从外观上看：清澈透明、无杂质、不混浊、无刺激性气味，产品外包装上应有详细的生产单位名称，产品说明书以及明确的指标说明。

秋冬开车怎样去静电

秋、冬季比较干燥，开车门时被“电”的原因很多，专家介绍，上车被“电”通常是因为穿了化纤衣服或胶底鞋，而下车被电是因为汽车轮胎也是绝缘体，在高速行驶中车身与干燥的空气摩擦所引起的。

有两个传统办法可以在一定程度上缓解上、下车被“电”的苦恼。上车前先拿着钥匙接触一下周围的铁栏杆之类与大地连接的东西，如果是遥控钥匙的话，就不要用这个办法了；下车时，可以用手去推车门的侧玻璃，而避免推金属边框来开门，因为玻璃是绝缘的，不容易被“电”。

专家说，车内的装饰品最好不要选择容易产生静电的化纤物品，尤其是座套、方向盘套、脚垫等汽车用品，最好使用纯皮纯棉的天然产品。

最后，专家提醒车主，打蜡的时候也可以选择防静电专用车蜡，经过这样处理，也能在很大程度上防止被“电”。

车内污染从何而来

1. 新车本身的各种配件和材料，如车内塑料、皮套等。汽车的内饰构造主要以皮质、纤维和各种工程塑料组成，而这些材料在生产时便需要使用到甲醛、苯等有害物质。

2. 车内装饰物如毛绒玩具、塑料地毯等是造成二次污染的主要来源。

3. 汽车发动机运转时产生的一氧化碳、汽油挥发物。如果车厢的密封工艺存在缺陷，汽车尾气产生的有害气体将会侵入到车厢内并对人体造成影响。

4. 车内空气循环系统。空调系统缺乏适当的保养和清洁时便会积聚大量的污染物，从而影响到车内的空气质量。

汽车保养七要素

1. 防冻液。许多车主喜欢用自来水代替防冻液，天气渐渐凉了，早晚温差大，一旦冷空气来临，气温骤降，很有可能影响汽车冷却系统的正常工作，所以车主应该及时把自来水换成防冻液。

2. 电瓶。天气越来越凉了，发动机在凉车时往往启动困难，需要多打几次马达才能着车。此时电瓶需要在良好的状态下工作，否则会因电瓶电量的过度消耗造成发动机难以启动。

3. 空调。秋季使用汽车空调，最好使用车内循环系统，这样可以防止秋季落叶卷入空调的进风口，使空调达不到好的效果。

4. 刹车系统。检查刹车系统时应注意制动液是否够量、品质是否变差，需要时应及时添注或更换。

5. 轮胎。检查以下几点：A. 轮胎内侧有无龟裂。B. 看看轮胎内侧有无啃胎。C.4 条胎放在一起对比花纹深浅。D. 检查轮毂的筋条有无裂痕。

6. 排气管。排气管尾节要提前防锈。气温降低后排气管的滴水情况就会发生，最好找一些清漆 (没有颜色的漆) 用小刷子把尾节 10 厘米里外涂刷一遍。

7. 发动机。经过一夏天的运行，使得发动机内会产生积炭、胶质等有害物质。所以换季之时，首先要对发动机进行必要的检查、清洗。

雨刷坏了怎么办

雨刷有了故障不能动时，大多是因为保险丝烧掉了。排除时只要打开保险丝盒，找到雨刷器的保险丝，抽出来更换新的就可以了。保险丝主要分两种：片式保险丝和玻璃管式保险丝。片式保险丝烧断了如果没有预备的，又恰巧行驶在雨中，可以用其他次要线路上的保险丝来代替。如借用喇叭的保险丝，白天还可以借用前灯的保险丝。至于玻璃管式的保险丝烧断后，除了可以采用上述的变通办法处理以外，还可以用香烟盒内的锡箔纸来代替（但绝不能用铝箔代替）。方法是把锡箔纸向外在玻璃管上绕几圈就可以暂时代替了。

雨天驾车行驶，如果雨刷的故障无法排除，可以用抹肥皂的土办法来解决。就是在挡风玻璃上面抹一层肥皂，起码可以维持三四十分钟的清晰视线。此外，如果能在路边捡到一些烟蒂在挡风玻璃上面涂一涂也可以解决问题。如果烟蒂也难以寻觅，还有一个绝招，那就是在路旁找一些稍厚、水分含量较多的树叶，捏碎后涂在挡风玻璃上面照样能起作用。

车用香水如何选购

选择车用香水主要看车主的个人爱好和习惯。如果车主喜欢在车内抽烟，那么就选有浓郁的药草香味、清新的绿茶香味和甜润的苹果香味的香型，因为它们能有效去除烟草中的刺激气味，舒缓车内的烟味；如果车主平时工作压力过大、生活节奏快，就挑选一些能起镇定功效的香型，比如选些清甜的鲜花香味、清凉的药草香味；对于久坐办公室的车主，如果从事的工作比较枯燥，那么选些能松弛神经的柠檬香味和薄荷香味是最好不过的。

需要提醒的是，车主尽量不要选择薰衣草香型香水，因为它的味道过于香甜，容易让人产生困意。

冬天，车内会经常开空调，所以车主最好选些天然精油，因为精油的香型不会很刺鼻，且容易挥发，还能起到醒脑提神的功效。

冬季用车巧防霜

1. 冬天停车时，稍微花几秒钟将前面两个车门都打开，让车内通一下风，然后关好，这样长时间停放在低温天气下过夜的车辆就不容易上霜。

2. 冬天车内外的温差导致玻璃内侧容易起雾，只需要打开车内空调制冷，风向调向挡风玻璃，只需 1 ~ 2 分钟车内的雾气就会消失。

3. 在寒冷的冬天，晚上停好车以后，如果在雨刷器和前挡风之间放一张报纸，这样次日早上雨刷就不会被粘住，挡风玻璃也会保持干净。

4. 如果是手动挡车，那么在点火时，要踩住离合器。这样可以减轻启动发动机的负载，也可以防止因疏忽忘记挂挡导致窜车的现象。

5. 雾天或天气在能见度小于 1 公里时，必须开大灯和后雾灯。这样不仅是为了帮助自己看清前车，更是提醒周围的车辆，防止追尾事故。

夏天小心车内“炸弹”

夏季如果开空调关车窗，车内就成了密闭空间，容易发生爆炸事故。在此，提醒车主尽量不要将以下物品放置在车中，以免引发车辆燃烧或爆炸。

打火机充气机：打火机充气机里面盛装的都是易燃性液态气体，据介绍，盛装液态气体的塑料容器在40毫升以上时，气体受热膨胀，塑料壳体会因受热而发生爆炸。如果再与车内一些油料、易燃物质等接近，很容易引发火灾。

香水座：香水座是很多女车主车内的必备物品，但香水挥发后的气体也是一种易燃气体。车前台摆放香水座的地方气体浓度最高，而这里正好受到阳光直接照射，当温度达到一定限度后，就很有可能引起爆炸。

点烟器：现在很多车内配备了点烟器，可是点烟器经过频繁的使用，里面的弹簧片可能松开，使用时点烟器可能弹出来。如果车主碰到来电话、遇到红灯等情况，分散了注意力，弹出来的高温点烟器很可能会引燃车椅坐垫、地板胶等易燃物质。

碳酸饮料：碳酸饮料不能放在车里已不是秘密，很早之前就有饮料爆炸引起汽车燃烧的事故发生。

夏天车里这些东西不要放

碳酸饮料。碳酸饮料不能放在车里已经不是秘密了，很早之前就有饮料爆炸引起汽车燃烧的事故发生。在这里，专家还要提醒大家，由于目前市面上饮料的品种众多，饮料类型也层出不穷，大家在识别它们“内涵”的同时尽量把它们随身带走。

打火机。很多司机有在车内抽烟的习惯，并且习惯随手将气体打火机放在仪表台上，这是非常危险的。一次性气体打火机，其盛装液态气体的塑料容器在40毫升以上时，气体会受热膨胀，塑料壳体会因受热而发生爆炸，一旦与车内一些油料、易燃物质等接近而引发火灾，后果不堪设想。

数码照相机。数码照相机在家庭中的普及程度日益增高，很多有车族愿意把相机放在车里，随时捕捉美丽的画面。但大家千万不要忽视这些数码电子设备说明书中的特别提示，上面往往表明这些高精密仪器不可放在阳光充足或温度过高的环境中。

手机。尽管在不太热的日子里手机还可以忍受独在车内的寂寞，但如果阳光足够强烈，手机在车中也会因温度过高而出现机械问题。

影响车险保费的四大因素

驾驶记录。在过去三年内你是否有违规驾驶或过去五年内是否有过失将决定你的驾驶记录等级。总之小心驾驶、没有事故，你的保费就会降低。同时，驾驶人的年龄、是否新手以及车辆常由一人驾驶还是两人驾驶也是影响保费的因素。

汽车型号。汽车价值越高或型号越流行，保费也相应越高。

驾驶区域。两辆同样的私家车在市区行驶和经常远途行驶，保费也会不同。

是否连续受保。如果有合理的理由，如到外地出差、旅游两三个月，期间不使用车辆，保险公司多数会同意暂时把你的汽车保险停掉，等你回来后再按原来价格恢复保险。

汽车保险怎么用

一般小事故。如果双方对责任的判定都没有异议，则可以拍张照片后先把车挪到不妨碍交通的地方，并通知交通管理部门，再打电话向保险公司报案。然后协助保险公司对车辆勘查、照相、定损。申请索赔时要带齐行驶证、身份证、驾照、保单等证件。

重大交通事故。当发生撞车、翻车甚至撞人等重大交通事故后应在报警后保护好现场，同时抢救伤者，并在 48 小时内通知保险公司。配合保险公司人员逐项清理、定损。向保险公司索赔时应提供保险单正本、事故证明、事故责任认定书、事故调解书、判决书、损失清单和有关费用等单据。

异地出险。如果你的车在外地发生交通事故，要先报警并保护好现场，同时通知保险公司，说出保单号、出险时间、地点、原因以及经过。承保公司会要求当地的分公司代为勘查，这时你一定要注意让当地公司按规定程序照相，出具代勘查报告。回到所在地后再到保险公司填出险通知书并进行索赔。

微小划伤。常看到有些车主为了掉点漆、瘪个小坑的事，就急着去 4S 店修车，其实这样不仅费力，在出险次数过多后还有可能会引起保险公司的“注意”，对今后再次投保也是十分不利的。所以如果是非常小的伤可以到快修美容店花几十元钱搞定，不必去 4S 店。

有些车损费用保险公司不赔

如遇下列情况，不论任何原因造成被保险机动车损失，保险公司均不负责赔偿：地震；战争、军事冲突、恐怖活动、暴乱、扣押、收缴、没收、政府征用；利用被保险机动车从事违法活动；驾驶人饮酒、吸食或注射毒品、被药物麻醉后使用被保险机动车；

事故发生后，被保险人或其允许的驾驶人在未依法采取措施的情况下，驾驶被保险机动车或者遗弃被保险机动车逃离事故现场，或故意破坏、伪造现场、毁灭证据。

驾驶人发生以下情形的，保险公司不负责赔偿：无驾驶证或驾驶证有效期已届满；驾驶的被保险机动车与驾驶证载明的准驾车型不符；持未按规定审验的驾驶证，以及在暂扣、扣留、吊销、注销驾驶证期间驾驶被保险机动车；在依照法律法规或公安机关交通管理部门有关规定不允许驾驶被保险机动车的其他情况下驾车。

被保险机动车如产生以下损失和费用，保险公司不负责赔偿：自然磨损、腐蚀、故障；玻璃单独破碎，车轮单独损坏；无明显碰撞痕迹的车身划痕；人工直接供油、高温烘烤造成的损失；自燃以及不明原因火灾造成的损失；遭受保险责任范围内的损失后，未经必要修理继续使用被保险机动车，致使损失扩大的部分；因污染（含放射性污染）造成的损失；市场价格变动造成的贬值、修理后价值降低引起的损失；标准配置以外新增设备的损失；发动机进水后导致的发动机损坏；被保险机动车所载货物坠落、倒塌、撞击、泄漏造成的损失；被盗窃、抢劫、抢夺，以及因被盗窃、抢劫、抢夺受到损坏或车上零部件、附属设备丢失；被保险人或驾驶人的故意行为造成的损失；应当由机动车交通事故责任强制保险赔偿的金额；其他不属于保险责任范围内的损失和费用。

车险投保四注意

切勿贪图低价。一些不法车险代理商利用消费者“节省保费”的消费心理，采用误导消费者虚报车龄，或者不足额投保等办法做低保费，低价吸保。低价车险违背了保险业中的“最大诚信原则”。消费者如果落入低价车险陷阱，在个人信用记录上可能留下诚信污点，如果今后发生事故，也将无法获得足额赔付。

查验代理人资质。购买车险时要查看相关代理人是否持有从业资格证书，必要时向保险公司核实他们的宣传内容和口头承诺。

看清合同条款。购买车险时一定要看清合同内容，特别要看清其有关免赔方面的条款，必要时要求保险公司对其进行解释说明，做到明明白白消费。

避免车险“真空”。部分消费者购买二手车后，未及时办理车险过户手续，如果发生事故，将无法获得赔付。

车险怎样搭配才合适

车险专家指出，除交强险是一份机动车辆必须购买的强制保险外，有几种组合可以根据消费者的不同需要达到投保效果最大化。

1. 基本保障型：车辆损失险＋第三者责任险＋不计免赔率险＋乘坐险＋盗抢险。其保障范围为一般事故及被盗抢风险。此组合可降低无固定停车场所车主的风险。

2. 安心驾驭型：车辆损失险＋第三者责任险＋不计免赔率险＋乘坐险＋盗抢险＋划痕险＋玻璃单独破碎险。其保障范围为重大交通事故，可最大化降低车主出险后所承担的经济损失。

3. 理赔无忧型：车辆损失险＋第三者责任险＋不计免赔率险＋乘坐险＋盗抢险＋划痕险＋无过失责任险＋自燃险。其保障范围为所有保险责任事故，是最佳组合险种，全面覆盖保险责任范围及最大限度降低损失。

车险理赔三误区

误区一：行车证不年审能赔

不少车主购买车险后，往往认为只要发生交通事故，损失都应该由保险公司赔偿。但笔者从各家保险公司车险保单条款中发现，无驾驶证或驾驶证有效期已届满、持未按规定审验的驾驶证，以及在暂扣、扣留、吊销、注销驾驶证期间驾驶被保险机动车等都属于免责范围。

误区二：委托给修理厂理赔

不少车主为了避免麻烦，发生事故后不与保险公司直接联系，而是选择理赔全权委托给较为熟悉的修理厂。但一些规模小、资质差的修理厂往往用便宜的零部件为客户修理，以高价的零部件向保险公司索赔以赚取差价。

误区三：理赔遇阻轻易放弃

理赔程序涉及的环节较多，许多车主缺乏对车险的认识，出险后不知如何下手。对此，有关人士提醒车主，如果在理赔过程中遇到任何疑难，应多与定损、理赔部门沟通，了解问题关键。同时，有的保险公司还专门设立了理赔客户经理，在案件处理过程中，车主可以随时就不清楚的手续或问题向客户经理咨询，同时客户经理也可以上门收取资料、代理车主处理理赔手续。

轻松处理车辆剐擦事故

一、人员伤亡先报警。确认双方人员安全状况。根据新《道路交通事故处理程序规定》的有关规定，剐擦事故中人员人身安全受到损害，应当立即报警。对于不属于新《道路交通事故处理程序规定》第八条规定的必须报警的八种情形的，当事人可以选择自行达成协议，快捷处理。

二、车辆损伤要取证。应用手机的拍照功能、随身携带的数码相机对剐擦部位、车况进行记录。通常要对车前侧、车后侧、碰擦部位等进行多角度拍摄。拍摄画面中最好要有反映双方当事人都在现场的取景。

三、基本信息要记录。记录双方车辆信息与车主信息。记录下双方车牌号、驾驶证、行驶证、保险证等等信息都是必要的。

四、责任认定要明确。常见情况有：未保持安全距离，追尾前车的，后车担责；机动车变更车道，影响正常行驶的车辆的，变更车道方担责；有交通信号灯控制的交叉路口，正常放行的车辆转弯未让直行车先行的，转弯车担责；没有交通信号灯的交叉路口，未让右方道路来车先行的，未让方担责等。根据规则迅速判定责任，达成协议。

五、车辆定损便理赔。先去保险理赔服务中心对车辆进行定损。在之后的修车程序中要保存好修车发票。凭修车发票等有效票据获得相应的保险赔款。

签租车合同注意事项

1. 了解车的日限公里数和超出限数后的计费标准。一般中档轿车的日行驶里程应在 200 公里以内，但也有许多租赁公司是不限公里数的，可根据情况（车况、租金、服务项目等）权衡比较各自的综合条件。

2. 为防止有事不能及时还车，还应认真了解续租规定及租赁超时的计费规定，以免事后与租赁公司之间发生异议。

3. 了解租赁公司的承诺，以充分享受各项应得的权利。

4. 签合同的最后一项内容是填写验车单，这是双方共同认定车况的过程。此过程涉及还车时的再认定，因此一定要认真对待。首先要从外观上对车辆进行检查，例如车体有无划痕，车灯是否完整，车锁是否正常等。然后检查车辆备胎及更换备胎所需的工具，最后进入驾驶室内，检查油表、刹车、空调的运行状况，并进行试驾，判断车辆的基本状况。对于一些车型的特殊功能及用法，应向租赁公司咨询清楚。

法律知识

婚房产权认定五注意

1. 双方可以做婚前财产公证，对房产等财产进行公证。同时也可以约定婚姻关系存续期间所得的房产归谁所有。

2. 双方在考虑结婚、购房的同时，要充分考虑购房合同签订时间、首付款时间、房产证颁发时间与结婚登记时间的先后关系。因为购房合同的签订、房产证的颁发在婚前、婚后可能会产生不同的法律效果。

3. 在房产证上写谁的名字的时候，要仔细斟酌。我国实行不动产登记制度，房产证上的名字证明力强。

4. 在占有、使用、收益、处分房产时，最好采用书面形式，并到管理机关进行登记造册。

5. 要注意保存好购房合同、购房发票、还贷证明、房产证等与房产相关的证据。

6. 遇到疑问的时候，最好询问有关法律人士。比如，在婚前以一人名义按揭，婚后得到房产证，夫妻共同还贷的房产归属的问题上，各地的法院可能有不同的司法实践。

房屋产权人可以处分他人遗产吗

问：我的父母有一套售后公房，房产证权利人是父亲。去年，因母亲去世，父亲与弟弟全家一起生活。最近，父亲要立遗嘱将这套住房全部留给弟弟继承。请问：我有无这套住房的继承权利？

答：你对这套住房也有自己的一份继承权利。理由如下：1. 这套住房是你父母的共同财产。最高人民法院关于适用《中华人民共和国婚姻法》若干问题的解释（二）第19条规定："由一方婚前承担、婚后用共同财产购买的房屋，房屋权属证书登记在一方名下的，应当认定为夫妻共同财产。"2. 根据《继承法》第26条规定："夫妻在婚姻关系存续期间所得的共同所有的财产，除有约定的以外，如果分割遗产，应当先将共同所有的财产的一半分出为配偶所有，其余的为被继承人的遗产。"因此该住房的一半份额归你父亲所有，剩下的一半份额属你母亲的遗产，因为你母亲没有遗嘱遗赠等情况，按照《继承法》第10条规定，应按法定的第一顺序由你和父亲、弟弟共同继承遗产。

新房墙体开裂能否退房

根据《合同法》的相关规定，买卖合同的出卖方对所售物品负有质量担保义务。同样，开发商在出售房屋时也应当保证售出的房屋无质量瑕疵，否则应当视为违约。根据《民法通则》第134条的规定，开发商如有违约，买受人有权要求开发商承担修理、重做、更换、赔偿损失、支付违约金等的民事责任，违约致使合同无法履行的，买受人可以要求解除合同。

根据法院的审判实践，对于交付的房屋有质量缺陷的，能修复的应当先修复；无法修复的，如果房屋主体质量不合格已经足以影响居住安全的，可以解除合同。

提前还房贷三类人不适合

首先是使用等额本息还款法，且已进入还款阶段中期的消费者。等额本息是指在整个还款期内，每月还款的金额相同。在还款期的初期，月供中利息占据了较大的比例，所还的本金较少，而提前还款是通过减少本金来减少利息支出，因此在还款期的初期进行提前还款，可以有效地减少利息的支出。如果在还款期的中期之后提前还款，那么所偿还的其实更多的是本金，实际能够节省的利息很有限。

其次是使用等额本金还款法，且还款期已经达到1/4的消费者。等额本金还款法是指每月偿还的本金相等，然后根据剩余本金计算利息。如果还款期已经达到1/4，在月供的构成中，本金开始多于利息，如果这个时候进行提前还款，那么所偿还的部分其实更多的是本金，这样就不利于有效地节省利息。如果是进入还款期后期，那么更没有必要用一笔较大数额的资金进行提前还款了。

最后是资金紧缺、经济能力有限的消费者。如果使用应急资金或者跟别人借钱还贷会增加未来生活的风险，有可能因小失大。

房子欲出租怎样签合同

一般来说，租房合同必须约定的事项有：所出租房屋的具体信息，租房期限、租金、租金支付方式和支付时间、是否有定金、保证金、押金的约定等。但有这些约定还远远不能解决租房中容易产生的问题，还需增加很多个性化的约定，例如：物业管理费（如清洁费、物业费、保安费等），由哪一方承担要约定清楚，如无约定，则由房东承担。

其他还需约定清楚的有：水、电、煤气、有线电视费、网络安装及使用费等公共事业费用的承担；合同附件中列明房屋原有的电器及家具、设施设备的数量及使用状态，并约定租赁期满返还房屋时如有遗失或损坏的赔偿措施；约定一定数量的保证金或押金，在退房时如无违约或其他纠纷全额计息或不计息返还，以预防某些房客一些恶意行为的风险；禁止房客的不良生活习惯，如不得有赌博吸毒、养猫养狗或深夜喧闹等一些扰邻的行为，如出现则可以解约。

此外，装修房屋要遵守物业管理规定及小区业主公约，约定退房时装修设施设备的归属及价值如何补偿等；不得将所承租房屋进行转租、抵押，不得利用房屋从事经营活动。

用个人房产做借款担保是否有效

问：我朋友向我借款20万元，用他自己的房屋做担保。现在，他已经把房产证原件交给我。请问，这样的担保在法律上有效吗？

答：我国《担保法》的相关规定，在借贷、买卖、货物运输、加工承揽等经济活动中，债权人需要以担保方式保障债权实现的，可以依法设定担保，担保有保证、抵押、质押、留置和定金五种方式。你朋友向你借款，你有权要求他给予你相应的担保。以房屋所做的担保为其中的抵押方式，这是合法的。

但要注意的是：首先，根据法律的相关规定，抵押人（通常是债务人）和抵押权人（通常是债权人）应当以书面形式订立抵押合同。

其次，如下财产抵押，应当办理抵押物登记，抵押合同自登记之日起生效：1. 以无地上定着物的土地使用权抵押的；2. 以城市房地产或者乡（镇）、村企业的厂房等建筑物抵押的；3. 以林木抵押的；4. 以航空器、船舶、车辆抵押的；5. 以企业的设备和其他动产抵押的。

因此，建议你首先和你朋友订立相应的抵押合同，明确你们之间的权利和义务。

其次，要到房产所在的房产交易中心办理抵押登记手续，登记以后，抵押合同才能生效。

没交物业费　物业就可以断水断电吗

问：我没缴纳物业费，物业公司就给我断水、断电。他们是否有权力这么做?

答：根据我国《合同法》的规定，供水、供电合同的当事人是业主与自来水公司和供电局。只有在业主逾期不交付费用，经催告，在合理的期限内仍不交费和违约金的，自来水公司和供电局才能按国家规定的程序中止供电、供水。所以说，物业公司在任何一种情形下都没有权力这么做。

购房维权十大要点

1. 保证完整的退房权利。当出现开发商违约，购房者有权退房。购房时应明确退房时如何处理，不退时又怎么对待。

2. 把广告写进购房合同。直接在合同中约定广告视为合同的一部分，或者把广告的内容以合同条款形式明确下来。

3. 让促销宣传落到实处。对于开发商为促销提出的很多承诺，不仅要以书面方式确认下来，而且要保证这些促销措施具有可操作性。

4. 自列清单要求开发商履行告知义务。购房者对于自己想要了解的信息，比如房屋使用年限、小区规划、面积测量报告等，要求开发商进行告知。

5. 购买期房时要求分期付款。签订预售合同时，购房者可以先支付定金，然后在交房和过户时再支付房款。

6. 完善“规划条款”。不仅要把小区平面布局图附在合同中，而且应该要求开发商将布局图中的很多内容标注清楚，比如层高、方位、小区出入口、绿化率、商铺市场定位等。

7. 莫忘“会所条款”。对于拟配备会所的楼盘，应该在合同中明确会所权属、功能、交付日期、是否对外开放、是否收费等。

8. 细化房型图。合同附件中，房型图一定要规范、细化，房屋各房间具体的尺寸、朝向、层高等都要标注清楚，并明确违约责任。

9. 开发商义务与责任捆绑约定。对于合同中开发商的很多义务应该相应地约定好明确、具体的违约责任。

10. 争取商品房质量保证金。对于开发商的商品房质量保证责任，购房者可参照工程质量保证金，要求开发商预留商品房质量保证金交由金融机构托管。

房产证登记幼女名下　父母是否拥有产权

问：张女士夫妻两人购买了一套商品房，当时出于种种原因，产权人仅登记了未成年的女儿一人。张女士不清楚，这套房屋的所有权人该如何确定。

答：房地产为不动产的典型形式，不动产的登记采取物权公示的原则。所谓物权公示原则，是指物权的享有和变动需有可取信于社会公众的外观表现形式。实践中，房地产都是以登记为其公示公信原则。从表面上看，张女士房屋的产权登记了未成年的女儿一人，产权人应以张女士女儿为宜。

但是，房地产的登记也要区分外部效力和内部效力。对外，不动产一经登记，善意第三人与登记权利人发生的交易行为理应受到法律保护。对内，则应探究当事人之间的真实意思表示，以确定权利人。实践中，夫妻之间出于种种原因将房地产登记于子女一人名下，但这并不意味着该房屋的真实权利人为该未成年子女一人，而应尽量考虑夫妻双方在购买房屋时的真实意思表示。因此，除非有相反的证据，否则，通常应将房屋视为夫妻及未成年子女的共有财产。

假按揭有哪些法律风险

所谓假按揭，是指开发商为资金套现，将暂时没有卖出的房子以内部职工或开发商亲属或素不相识的人的名字购下，从银行套取购房贷款。

开发商在假按揭中存在着很大的风险。在民事责任方面，银行在与开发商对某一项目签订按揭合作协议时，往往都会约定由开发商承担连带保证责任或其他责任。即使出现借款合同无效或不生效或不成立的情况，名义借款人不承担还款责任，法院很有可能判令开发商作为实际用款人承担还款责任。

在刑事责任方面，根据有关司法解释，对于单位十分明显地以非法占有为目的，利用签订、履行借款合同诈骗银行或其他金融机构贷款，应当以合同诈骗罪定罪处罚。另一方面，如果所谓开发商只是少数犯罪分子借以诈骗银行贷款的工具，则可以认定为贷款诈骗罪，将依照刑法有关自然人犯罪的规定定罪处罚。

其次，对真实购房者，最大的风险是买了房后，房产已被抵押。而办不了房产证，甚至得不到房产。真实购房者可以根据有关规定，要求开发商承担不超过已付购房款一倍的赔偿责任。

擅卖房屋共用部分无效

去年我购买了一套商品房，开发商在售房合同的附件《房屋平面图》上标明厨房带一个工作阳台。交房后，我对这一工作阳台进行了装修。但几个月之后，开发商却提出该工作阳台是小区的消防通道，应是全体业主的共用部分，要求我拆除装修并恢复原状。请问，开发商的要求合法吗？

要解决你的问题，首先要判断这一工作阳台的归属。在你手中持有的房产证的附图中，如果记载了该部位为你所购买房屋的专有部位，且你在行使该部位权利时，没有危及建筑物的安全，没有损害其他业主的合法权益，则开发商无权要求你拆除装修、恢复原状。

但是，如果该“工作阳台”为小区业主的共用部位，根据《中华人民共和国物权法》第七十条规定，“业主对建筑物内的住宅、经营性用房等专有部分享有所有权，对专用部分以外的共有部分享有共有和共同管理的权利”，即小区的共用部分属于全体业主共有。对此部分面积开发商无权擅自处分。开发商将属于全体业主共有的部位擅自转让的行为，侵害了全体业主的利益，在法律上是无效的。

此外，《中华人民共和国合同法》第58条规定“合同无效或者被撤销后，因该合同取得的财产，应当予以返还；不能返还或者没有必要返还的，应当折价补偿。有过错的一方应当赔偿对方因此所受到的损失，双方都有过错的，应当各自承担相应的责任”。所以，如果该工作阳台是小区的共用部分，因此造成合同部分无效，对于你所遭受的损失，你可以要求开发商予以赔偿。

离婚时签的协议能反悔吗

根据我国《婚姻法》的规定，夫妻离婚时双方可对财产分割进行协商并订立协议，所订立的财产分割协议具有法律效力。任何一方没有特殊原因，都应接受这一决定所带来的法律后果。

当然，根据最高法院的有关规定，男女双方协议离婚后一年内就财产分割问题反悔，请求变更或者撤销财产分割协议的，人民法院应当受理。因此，离婚后一方对当初签订的财产分割协议反悔的，在法定期间内可以到法院起诉请求变更或者撤销。但人民法院在审理案件后，如果未发现订立财产分割协议时存在欺诈、胁迫等情形，将依法驳回当事人的诉讼请求。

婚前自购商铺的租金婚后属共同财产吗

我与丈夫是再婚夫妻，婚前我用自己的钱全额出资购买了一套商铺，产权证上是我一个人的名字。这套商铺自我结婚后就一直出租给他人经营。前段时间，我丈夫以感情不和为由提出离婚，并要求分我这套商铺的租金。请问：如果起诉到法院，法院是否会认定我这套商铺的租金属于夫妻共同财产？

最高人民法院关于适用《中华人民共和国婚姻法》若干问题的解释(二)第十一条规定，婚姻关系存续期间，下列财产属于婚姻法第十七条规定的应当归共同所有的财产：（1）一方以个人财产投资取得的收益；（2）男女双方实际取得或者应当取得的住房补贴、住房公积金；（3）男女双方实际取得或者应当取得的养老保险金、破产安置补偿费。

一般情况下，如果您将属于个人所有的商铺出租，因为对商铺这类重大生活资料，基本上是由夫妻双方共同进行经营管理，包括维护、修缮，所取得的租金事实上是一种夫妻共同经营后的收入，因此在婚姻关系存续期间所取得的租金一般可认定为共同所有。但是，您作为商铺所有权人，如有证据证明事实上房屋出租的经营管理权仅由您一人进行，在这种情况下法院才有可能判决婚姻关系存续期间的租金收益归房产所有权人个人所有。

婚前财产公证的效力如何

进行婚前财产公证看如何约定。如果各自婚前财产归各自所有，那么女方对男方婚前的财产不因为婚姻关系而取得所有权，离婚时不能主张分割；如果对婚姻关系存续期间的财产进行约定，那么按照约定的来处理，如果约定收入归各自所有，那么在婚姻关系存续期间男方的收入也不属于夫妻共同财产。当然这种情况可能导致离婚时，女方只能获取自己婚前和婚后收入的财产，而无法获得男方的财产。但这种约定必须是自愿的。

如果在婚姻关系存续期间男方去世，那么女方属于第一顺序的继承人，可以继承男方的财产，该财产不限于财产公证的范围，也就是说只要是男方的合法财产，女方都有权继承，但如果男方有遗嘱则除外。

离婚时能否查对方的银行存款

根据国务院发布的《个人存款账户实名制规定》第8条：“金融机构及其工作人员负有为个人存款账户的情况保守秘密的责任。金融机构不得向任何单位或者个人提供有关个人存款账户的情况，并有权拒绝任何单位或者个人查询、冻结、扣划个人在金融机构的款项；法律另有规定的除外。”

最高人民法院《关于民事诉讼证据的若干规定》第17条规定：涉及国家机密、商业秘密、个人隐私的案件材料，当事人及其诉讼代理人可以申请人民法院调查搜集证据。据此，在离婚诉讼期间，如怀疑对方隐瞒共同财产，可以向法院提交书面申请，由法院到银行进行账户查询。而且，一方故意隐瞒存款的，应承担相应的责任。《婚姻法》第47条规定：“离婚时，一方隐藏、转移、变卖、毁损夫妻共同财产，或伪造债务企图侵占另一方财产的，分割夫妻共同财产时，对隐藏、转移、毁损夫妻共同财产或伪造债务的一方，可以少分或不分。离婚后，另一方发现有上述行为的，可以向人民法院提起诉讼，请求再次分割夫妻共同财产。”

离婚时　房产如何分割

夫妻一方婚前付了全部房款，并取得了房产证，离婚时房屋如何分割？

既然是夫妻一方婚前付了全部房款，并取得了房产证，那么该房屋是婚前财产。因此，离婚时，另一方无权要求分割。

夫妻一方婚前通过按揭贷款购房，取得了房产证，婚后夫妻共同还贷的房屋，离婚后如何分割？

虽然房屋是一方婚前购得，但婚后房屋增值部分以及共同偿还贷款的部分，除夫妻双方另有约定外，应当视为共同财产。当然，如果一方确能证实其还贷资金来源于个人婚前财产，那么该部分不应认定为夫妻共有财产。

父母参与出资购买的房屋，子女离婚后，房屋如何分割？

最高人民法院关于《婚姻法》司法解释(二)第22条规定:（1）父母在双方结婚前的出资，视为对自己子女的赠予，另有约定除外；（2）父母在双方结婚后的出资，视为对夫妻双方的赠予，另有约定除外。

养父母可与成年子女解除关系

《收养法》规定，养父母与成年养子女关系恶化、无法共同生活的，可以协议解除收养关系。收养关系是经民政部门登记成立的，应当到民政部门办理解除收养关系的登记，收养关系是经公证证明的，应当到公证机关办理解除收养关系的公证。经审查同意，出具解除收养证书，收养关系即宣告解除。由于解除收养关系必须是双方同意，如果有一方不同意，或因一方患有疾病不能自理，或者财产问题等未获解决等，可到人民法院起诉，通过司法程序来解决。

遗产继承有哪几种方式

我国《继承法》对遗产的继承做了详细规定，遗产继承的方式主要有两种：一种是法定继承，就是继承人按照法律规定进行遗产继承，法定继承人有第一和第二顺序之分，第一顺序为配偶、子女、父母，第二顺序为兄弟姐妹、祖父母、外祖父母。法定继承开始后，由第一顺序继承人继承，第二顺序继承人不继承；没有第一顺序继承人继承的由第二顺序继承人继承。另一种是遗嘱继承，是立遗嘱人将自己个人的财产指定由法定继承人的一人或数人继承。立遗嘱人可以撤销、变更自己所立的遗嘱。立有数份遗嘱，内容相抵触的，以最后的遗嘱为准。自书、代书、录音、口头遗嘱不得撤销、变更已公证的遗嘱。专家提醒说，遗嘱并非一定要经公证才可生效，但公证遗嘱的效力最高，为处分房产而立的遗嘱，最好办理公证。

哪些财产不能继承

1. 夫妻共同财产及家庭共有财产不属于老人个人遗产的范围。在现实生活中，死者生前个人财产往往和其他人财产混在一起，因此首先要注意死者个人财产与他人共有财产的界限，只有其个人应得的一份，才属于个人遗产范围。

2. 继承人生前已赠予子女或他人的财产和产权已经发生转移的财产，不属遗产范围。

3. 抚恤金、补助费不能作为遗产继承。遗产只是被继承人生前的私有财产，公民因工伤、交通或其他意外事故而死亡时，有关单位给予依靠死者生前抚养、赡养的家属一定金额的抚恤金、生活补助费，这是国家和组织对死者家属生活上的资助和关怀，属于死者家属，不能作为遗产继承。

4. 自留地、自留山的所有权和使用权；土地、荒山、鱼塘、菜园和小企业等承包经营权不属遗产范围，不能继承。因土地所得的收益是死者所有，可以继承。宅基地的所有权属于国家或集体，也不得继承。它的使用权可以随房屋的继承而转移。

什么遗嘱效力最高

根据法律规定，遗嘱可以是自书遗嘱、代书遗嘱、录音遗嘱、口头遗嘱、律师见证遗嘱、公证遗嘱等。内容不同的遗嘱，以律师见证遗嘱和公证遗嘱的效力最高。

由于操作的非专业化，自书遗嘱、代书遗嘱、录音遗嘱、口头遗嘱可能有一定的缺陷。这些遗嘱的真实性一般难以在继承人中达成共识，而且，有关部门还对一些遗产继承有特别规定，如1991年8月31日我国司法部和建设部共同下发的《关于房产登记管理中加强公证的联合通知》就明确规定“必须有经过公证的《遗嘱》才能办理继承房产过户”。因此，公民对财产进行处分和立遗嘱时应当尽量选择专业机构，为继承人顺利继承遗产做好准备。

养母、生母遗产可同时继承吗

问：15年前我被人收养，结婚工作后，在照顾好养父母的同时，我还关心生父母的生活。养父母相继去世后，我继承了他们的所有财产。最近，我的亲生母亲又因病去世，在分割其遗产时，我提出要继承生母的部分遗产，但我的亲兄弟姐妹不肯，说我不能继承两边的遗产。请问，我可以这样做吗？

答：我国《收养法》第二十三条规定："养子女与生父母及其他近亲属间的权利和义务关系，因收养关系的成立而消除。"根据这一规定，在收养关系成立后，养子女对生父母没有赡养扶助的义务，生父母对养子女没有抚养教育的义务，相互之间也没有继承遗产的权利，所以，被收养人是不能继承生父母的遗产的。但是，就像你一样，被送养后，由于与生父母存在着血缘和亲情关系，还常常会去照顾生父母的生活。最高人民法院对此专门做出特殊规定："被收养人对养父母尽了赡养义务，同时又对生父母抚养较多的，除可继承养父母的遗产外，还可分得生父母适当的遗产。"

因此，你可以分得亲生母亲适当的遗产。

继承遗产前　要先清偿债务吗

问：我是下岗工人。父亲留了近 2 万元现金和一栋房屋作为遗产。他去世后，债主说父亲总共欠了他们 6 万多元，要我们卖房还债务。请问，我该怎么办？

答：《中华人民共和国继承法》第 33 条的规定："继承遗产应当清偿被继承人依法应缴纳的税款和债务，缴纳税款和债务以他的遗产实际价值为限。超过遗产实际价值部分，继承人自愿偿还的不在此限。”

为了解决你们这部分人的生活，最高人民法院《关于贯彻执行〈继承法〉若干问题的意见》第 61 条做出了特殊规定：继承人中有缺乏劳动能力又没有生活来源的人，即使遗产不足清偿债务，也应为其保留适当遗产，然后再按《继承法》第 33 条的规定清偿债务。

至于是否要拍卖房屋，这要结合房屋的面积，以及当地的生活水准来定。

老人不要过早写遗嘱

目前，家庭遗产纠纷呈现复杂的趋势。主要是：老人丧偶后，其他家庭成员急切地与健在的老人分割遗产；由于再婚老人的财产所有权模糊，极易发生利益冲突，遗产纠纷增多；老年人独立行使遗产处置权越来越难等。针对这种情况，海南大学法学院叶英萍副教授提醒，老年人不要把财产作为遗产过早留给子女。因为，老人的房产、储蓄等一旦馈赠给子女，老人将由富有变成资源贫困户，丧失主动权。老人生前不要把自己的房产等作为赡养条件馈赠给子女，也不能过早写遗嘱，把动产变成不动产，以避免出现亲子之间发生遗产纠纷。

如何避免遗产纠纷？首先，为避免一方去世后另一方不致陷入困境，老人最好提前做好个人财产储备。其次，老人再婚前要进行财产公证或办理遗嘱公证，对自己身后的财产分配做出书面说明。三是，老人为遗产要敢于和晚辈争辩，维护自己的权益。最后，老人订立遗嘱时要考虑到具体执行的公正性、合理性和可行性。

劳动争议处理的范围是什么

劳动争议就是劳动纠纷，是指劳动关系当事人因劳动问题引起的纠纷。从这个意义上讲，劳动者与用人单位之间、劳动者之间、用人单位之间因劳动问题所引起的争议，都可以叫作劳动争议。我国劳动争议处理的范围包括：（1）因用人单位开除、除名、辞退劳动者和劳动者辞职、自动离职发生的争议；（2）因执行国家有关工资、保险、福利、培训、劳动保护的规定发生的争议；（3）因履行劳动合同发生的争议；（4）法律、法规规定的其他劳动争议。

拖欠劳动报酬　员工可申请支付令

根据《劳动合同法》第 30 条的规定，用人单位拖欠或者未足额支付劳动报酬的，劳动者可以依法向当地人民法院申请支付令，人民法院应当依法发出支付令。

如果用人单位自收到支付令 15 日内既不清偿债务也不提出

书面异议，那么该支付令就产生法律效力，申请人可以依法申请法院强制执行。

如果单位及时提出书面异议致使支付令失效，那么劳动者就要走诉讼程序。

试用期工资应按规定支付

吴先生：今年我就要大学毕业了，现在已经开始找工作了，我想了解一些应聘和签订合同要注意的法律问题。比如，我应聘时，应该了解单位一些什么情况呢？法律援助员：《劳动合同法》规定，用人单位招用劳动者时，应当如实告知劳动者工作内容、工作条件、工作地点、职业危害、安全生产状况、劳动报酬，以及劳动者要求了解的其他情况。

吴先生：劳动合同里可以约定什么呢？法律援助员：你特别要注意的是合同的必备条款是否齐全，如用人单位的名称、住所和法定代表人或者主要负责人；劳动者的姓名、住址和居民身份证或者其他有效身份证件号码；劳动合同期限；工作内容和工作地点；工作时间和休息休假；劳动报酬；社会保险；劳动保护、劳动条件和职业危害防护；法律、法规规定应当纳入劳动合同的其他事项。

吴先生：如果像我们这样刚进单位的，单位应该和我们约定多长时间的试用期？法律援助员：如果劳动合同期限三个月以上不满一年的，试用期不得超过一个月；劳动合同期限一年以上不满三年的，试用期不得超过两个月；三年以上固定期限和无固定期限的劳动合同，试用期不得超过六个月。而且你要记住你如果在同一用人单位工作，单位只能与你约定一次试用期。

吴先生：听说试用期里的工资一般都很少，有的公司甚至只给两三百元。法律援助员：这种说法是错的。《劳动合同法》对于试用期工资有着明确的规定。你应注意，你在试用期的工资不得低于本单位相同岗位最低档工资或者你的劳动合同约定工资的80%，并不得低于用人单位所在地的最低工资标准。

用人单位免责　所签合同无效

我与单位在2008年年初签订劳动合同时，单位说暂时无法处理我的人事档案，得由我自行管理，我答应了。我想知道新实施的《劳动合同法》对此有何规定。

根据《劳动合同法》第26条的规定，用人单位免除自己的法定责任、排除劳动者权利的，所签订的劳动合同无效。

用人单位与劳动者在劳动合同中约定将劳动者的人事档案交由劳动者自行保管、将社会保险的缴纳义务交与劳动者，这些都是用人单位将法律、行政法规规定应由用人单位履行的法定义务予以免除的情形。

若劳动者与用人单位所签的劳动合同中有这些内容，劳动合同当属无效。劳动合同被确认无效，劳动者已付出劳动的，用人单位应当向劳动者支付劳动报酬，数额参照本单位相同或者相近岗位劳动者的劳动报酬确定。

无固定期限合同是“铁合同”吗

根据新《劳动合同法》的规定，“无固定期限劳动合同，是指用人单位与劳动者约定无确定终止时间的劳动合同。”无确定终止时间就表明劳动合同的终止是不确定的，只要用人单位与劳动者协商一致或者出现法定的解除情形，劳动合同还是可以解除的。如在试用期间被证明不符合录用条件的；严重违反用人单位规章制度的；严重失职，营私舞弊，给用人单位造成重大损害的；劳动者同时与其他用人单位建立劳动关系，对完成本单位的工作任务造成严重影响，或者经用人单位提出，拒不改正的等情形，用人单位可以解除劳动合同。

再如，劳动者患病或者非因工负伤，在规定的医疗期满后不能从事原工作，也不能从事由用人单位另行安排的工作的；劳动者不能胜任工作，经过培训或者调整工作岗位，仍不能胜任工作的；劳动合同订立时所依据的客观情况发生重大变化，致使劳动合同无法履行，经用人单位与劳动者协商，未能就变更劳动合同内容达成协议的，用人单位提前三十日以书面形式通知劳动者本人或者额外支付劳动者一个月工资后，也可以解除劳动合同。

交通事故获赔后仍可获工伤待遇

袁某在某制造公司负责电器维护，2008年，他在外出买配件的途中发生车祸。经公安交通部门调解，肇事方赔偿袁某医药费、残疾赔偿金、误工费等1.8万元。袁某被劳动保障部门认定为工伤，并被鉴定为10级伤残。2009年3月，他与公司劳动合同到期终止，袁某要求公司支付相应的工伤待遇。公司则认为袁某已获得交通事故的赔偿，如果再支付其工伤待遇，就等于享受了两份补偿，有失公允。公司只同意支付低于工伤保险待遇的差额部分。袁某为此提起仲裁。

仲裁委审理后认为：袁某获得的交通事故赔偿是民事赔偿，依据是民事法律法规，属于私法范畴；现在袁某要求公司支付工伤待遇依据的是劳动法律法规，属于社会法范畴，两者不存在冲突，并且现行的国家法律法规对此没有禁止性规定，袁某的请求应予以支持。公司同意支付低于工伤保险待遇的差额部分没有法律依据。但是袁某因伤发生的直接费用，如医药费、误工费等已经民事赔偿，在工伤待遇中应予扣除。

如何证明劳动关系

在劳动争议中，如果劳动者因用人单位的原因不能提供某些证据或证人证言证明双方存在劳动关系的，还可以通过以下证据证明：

1. 记载有劳动者名字的用人单位文件。用人单位下发的各种通知、工作任务单、任命通知书、介绍信、签到表等书面资料中只要含有劳动者本人的名字，可以作为证据。但本类证据上一定要有单位公章才能确保证明的效力。

2. 用人单位与其他单位签订的有劳动者本人签名的购销合同或其他类型合同。

3. 工作中在第三方留存的有本人签名的资料，比如代表用人单位向有关单位或机关申报材料，代表用人单位到第三方处领取支票时在支票存根处留存的本人签名等。

4. 录音、录像、照片。录音是指本人与用人单位法定代表人或主要负责人协商谈判具体事宜时的录音。另外，用相机或手机拍摄的上、下班情况、工作方面的录像也可作为提供劳动的证据。

解约补偿有标准

《劳动合同法》第 47 条的规定："经济补偿按劳动者在本单位工作的年限，每满一年支付一个月工资的标准向劳动者支付。六个月以上不满一年的，按一年计算；不满六个月的，向劳动者支付半个月工资的经济补偿。"

劳动者月工资高于用人单位所在直辖市、设区的市级人民政府公布的本地区上年度职工月平均工资三倍的，向其支付经济补偿的标准按职工月平均工资三倍的数额支付，向其支付经济补偿的年限最高不超过十二年。

本条所称月工资是指劳动者在劳动合同解除或者终止前十二个月的平均工资。

另外，根据国家统计局《关于工资总额组成的规定》第 4 条的规定，工资总额由下列六部分组成：（一）计时工资；（二）计件工资；（三）奖金；（四）津贴和补贴；（五）加班加点工资；（六）特殊情况下支付的工资。

工作首日出工伤该如何解决

我为老板打工，工作第一天就出工伤，未签署任何劳动合同。

这种情况怎么解决?

工伤保险制度是建立在劳动关系基础上的无责任赔偿，在确定赔偿责任主体的问题上，工伤赔偿以劳动关系存在为前提，因此，确定劳动关系的存在是非常重要的。

依照《中华人民共和国劳动争议调解仲裁法》之规定，确认劳动者与用人单位间存在劳动关系，依法应由劳动仲裁委员会或者人民法院经审理后认定，劳动保障行政部门并无该项权利予以确认。

因此，在劳动保障行政部门不予受理您的工伤认定申请的情况下，您应当及时向用人单位所在地劳动仲裁委员会申请仲裁，确认您与用人单位之间存在劳动关系，并可向区、县劳动保障行政部门申请延长工伤认定时效，以免因为超过工伤认定时效而导致权利无法受到保护。

在申请劳动仲裁时，您应当积极举证。根据我国《劳动和社会保障部关于确立劳动关系有关事项的通知》之规定，工资支付凭证或记录(职工工资发放花名册)、缴纳各项社会保险费的记录；用人单位向劳动者发放的“工作证”、“服务证”等能够证明身份的证件；劳动者填写的用人单位招工招聘“登记表”、“报名表”等招用记录；考勤记录；其他劳动者的证言等均可作为参照凭证用以确认劳动者与用人单位之间的劳动关系。

女性生育维权三关注

怀孕时单位不能“炒”

《妇女权益保障法》规定“任何单位不得以结婚、怀孕、产假、哺乳等为由，辞退女职工或者单方解除劳动合同”。

孕产妇休假时间

根据国务院颁布的《女职工劳动保护规定》，女职工享有90天产假，产假期间工资照发；怀孕的女职工，在劳动时间内进行产前检查，应当算作劳动时间；有不满一周岁婴儿的女职工，其所在单位应当在每班劳动时间内给予其两次哺乳（含人工喂养）时间，每次30分钟。

工资报酬应保障

《女职工劳动保护规定》，女职工在怀孕期间不得被安排在正常劳动日以外延长劳动时间，不能胜任原劳动的，应在医务部门开具证明的情况下，减轻劳动量或安排从事其他劳动。

需要指出的是，即使是为照顾女职工进行的岗位调整，也必须遵从协商一致的原则，并考虑女职工的特殊身体状况；如果是因为女职工确实不能胜任原工作，进行相应的调整和工资报酬变更的，则需要有完备的管理制度来支撑。

特殊工伤如何认定

近年来，不少地方对一些特殊的工伤认定情形进行了仔细研究，逐渐在实践中积累了一些经验，形成了一些共识：

（1）职工在上、下班途中受到机动车事故伤害后，如果致害“机动车”属于道路交通安全法规定范围内的机动车，有关部门一般都依据《工伤保险条例》的有关规定，将其认定为工伤。但是，如果职工在上述情形中存在酒后驾车、无照驾驶和驾驶无牌照车辆等情节，有关部门则一般不予认定为工伤。

（2）职工上、下班途中顺便买菜、接送小孩等，该事务是其日常工作和生活的必需要求，顺便办事并不改变“上、下班途中”的基本性质，在顺便办事前后的途中，如果受到机动车事故伤害，仍应当认定为工伤。若绕道其他地方办理其他事务，而该事务与其工作或回家没有必然联系的话，则该过程就不应认定为上、下班途中。

（3）职工在工作中因他人不服从其履行工作职责的管理行为而受到暴力侵害造成伤害的，许多地区的有关部门也均认可该类情形属于工伤。

（4）职工参加本单位（或单位分支机构）利用工作时间组织的运动会及体育比赛，或者代表本单位参加上级单位举办的运动会及体育比赛中受伤，实践中也依据《工伤保险条例》中“因工作原因受到事故伤害”的规定，认定为工伤。

（5）职工在用人单位安排或组织的政治思想教育活动、学习考察、工作交流中发生伤亡事故的，认定为工伤。

（6）职工在工作时间和工作岗位上突然发病，且情况紧急，在工作岗位上死亡或者从工作岗位上直接送往医院抢救并在48小时之内死亡的，有关部门一般依据《工伤保险条例》的有关规定，视同工伤。

（7）在工作过程中临时解决生理需要（如喝水、用餐、上厕所、正常的休息）时，由于单位提供的附属设施、设备不完善或存在不安全因素等原因造成职工伤害的，认定为工伤。

（8）在校学生到用人单位实习期间发生伤亡事故的，普遍的做法是不属于《工伤保险条例》调整范围，不认定为工伤；退休职工返聘原单位工作或在新的单位工作发生事故伤害，不属于劳动法调整范围，退休职工与返聘的单位或新单位所形成的是聘用关系，应当通过民事诉讼程序解决；在上、下班途中火车伤人不能认定为工伤。

交通事故后如何打官司

当事人因道路交通事故损害赔偿问题提起民事诉讼时，除诉状外，还应提交公安机关制作的调解书、调解终结书、责任认定书。

当事人仅就公安机关做出的道路交通事故责任认定和伤残评定不服，向人民法院提起行政诉讼或民事诉讼的，人民法院不予受理。

法院审理交通肇事刑事案件时，经审查认为公安机关所做出的责任认定、伤残评定确属不妥，则不予采信，以人民法院审理认定的案件事实作为定案的依据。

对案情简单、因果关系明确、当事人争议不大的轻微和一般事故，公安机关可采用简易程序当场处罚和调解，当场调解未达成协议或者调解书生效后任何一方不履行，当事人可以持公安机关的调解书或者调解终结书向人民法院提起民事诉讼。

道路交通事故发生后，被公安机关指定预付抢救伤者费用的当事人，以其无道路交通事故责任或者责任轻而对预付费用有异议的，持公安机关调解书、调解终结书或者认定该事故不属于任何一方当事人违章行为造成的结论，可以向人民法院起诉。

起诉时需要准备的证据材料，除了责任认定书、调解书或复议裁定书外，还包括：1. 受害人受到伤害及伤害后果的证明（病情诊断、法医鉴定、伤情等级、有关照片等）；2. 赔偿医疗费、误工费、护理费、住宿费及交通费的证据（医疗费单据、误工天数和误工收入的证明、住宿费单据、车船票等）； 3.要求被扶养人生活费的，提供亲属关系证明、被扶养人情况证明 （含出生日期及其他扶养人情况证明）以及和案件相关的其他证据。

交通事故损害赔偿范围

受伤未致残的赔偿范围：因交通事故受伤尚未达到致残的程度，受害人可以要求赔偿的范围包括以下7项：医疗费、误工费、护理费、交通费、住宿费、住院伙食补助费以及必要的营养费。

因伤致残的赔偿范围：因交通事故致残的，赔偿范围除第一条的各项费用外，还可以根据情况提出以下赔偿项目：残疾赔偿金、残疾辅助器具费、被扶养人生活费，以及因康复护理、继续治疗实际发生的必要的康复费、护理费、后续治疗费等。

因交通事故造成被害人死亡的赔偿范围：交通事故造成受害人死亡的，赔偿义务人除应当根据抢救治疗情况赔偿相关费用外，还应当赔偿以下6项费用：丧葬费、被扶养人生活费、死亡补偿费以及受害人亲属办理丧葬事宜支出的交通费、住宿费和误工损失等。

另外，以上三种情况，受害人或死者的近亲属还可以要求赔偿义务人支付精神抚慰金。

受害人或者死者近亲属遭受精神损害，赔偿权利人向人民法院请求赔偿精神损害抚慰金的，适用《最高人民法院关于确定民事侵权精神损害赔偿责任若干问题的解释》予以确定。

老年人健康权应受到保护

稚辛先生：一个月前，我（老王）在自家所在的弄堂内被一骑自行车的小伙子撞倒。因我与这位小伙子熟识，同时我当时也并无感到异常，所以他向我赔礼道歉后就走了。第二天，我感到腰部疼痛。子女陪我去医院一检查，是腰部骨折，住院治疗一个月，共花去医药费6000多元。出院后，我找到那位小伙子要求赔偿，但他却认为我在被撞的当时并无不适，所以拒绝赔偿。请问，我可以去告他吗？

老王师傅：您的事件是一桩关于老年人的健康权的事件。我国《民法通则》第98条规定："公民享有生命健康权。"您的事件中，由于那位小伙子的过失，撞伤了您，造成您的腰部骨折，因此，他对此应负侵权行为的赔偿责任。

《民法通则》第119条规定："侵害公民身体造成伤害的，应当赔偿医疗费、因误工减少的收入、残疾者生活补助费等费用。"因此，一般赔偿金额由三部分组成：（一）医疗费用；（二）因误工减少的收入；（三）残疾者生活补助费用。本事件中，由于不存在第（二）、（三）所涉费用，故那位小伙子应赔偿您的医药费。此外，根据《民通意见》的精神及司法实践，医疗费用指因治疗而支出的全部费用，包括医药费、护理费、交通费等必要的费用。

这里需要提醒的是，《民法通则》第136条第1款规定，身体受到伤害要求赔偿的诉讼时效期限为一年。

办理收养公证应提供的材料

1. 本人户口簿、居民身份证和被收养人的近期免冠黑白照片若干张；

2. 提交收养子女的申请书（内容包括：收养目的、有无子女、有无抚养能力、本人经济状况，以及不虐待、遗弃被收养人的保证等）；

3. 状况证明及复印件（未婚的需要提交未婚的证明、已婚的需要提交结婚证书、离婚的需要提交离婚证书、丧偶的需要提交配偶死亡证明书）；

4. 职业和经济状况证明（由收养人工作单位人事部门出具，无工作单位的由其住所地乡镇人民政府或街道办事处出具）；

5. 县级以上医院出具的身体健康证明；

6. 提交收养人与送养人订立的书面收养协议；

7. 收养三代以内同辈旁系血亲的子女，需提交收养人与送养人的亲属关系证明。

关于捐赠的法律规定

救灾捐赠款物应用在什么方面？(一)解决灾区群众衣、食、住、医等生活困难；(二)紧急抢救、转移和安置灾区群众；(三)灾区群众倒塌房屋的恢复重建；(四)捐赠人指定的与救灾直接相关的用途；(五)经同级人民政府批准的其他直接用于救灾方面的必要开支。

捐赠人和受赠人有什么责任和权限？受赠人接受救灾捐赠款物时，应当确认银行票据，当面清点现金，验收物资。

捐赠人捐赠的食品、药品、生物化学制品，应当符合国家食品药品监督管理和卫生行政等政府相关部门的有关规定。

所捐款物不能当场兑现的，受赠人应当与捐赠人签订载明捐赠款物种类、质量、数量和兑现时间等内容的捐赠协议。

捐赠人应当按照捐赠协议约定的期限和方式，将捐赠财产转移给受赠人。对不能按时履约的，应当及时向受赠人说明情况，签订补充履约协议。救灾捐赠受赠人有权依法向协议捐赠人追要捐赠款物，并通过适当方式向社会公告说明。

捐赠人有权向受赠人查询救灾捐赠财产的使用、管理情况，并提出意见和建议。对于捐赠人的查询，受赠人应当如实答复。

受赠物资用不完或者不适用如何处理？对灾区不适用的境内救灾捐赠物资，经捐赠人书面同意，报县级以上地方人民政府民政部门批准后可以变卖。变卖救灾捐赠物资所得款项必须作为救灾捐赠款管理、使用，不得挪作他用。

可重复使用的救灾捐赠物资，县级以上地方人民政府民政部门应当及时回收、妥善保管，作为地方救灾物资储备。

接受的救灾捐赠款物，受赠人应当严格按照使用范围，在本年度内分配使用，不得滞留。如确需跨年度使用的，应当报上级人民政府民政部门审批。

老年人维权“四不要”

第一，不要提前把自己的房子转到子女名下。一些老人出于种种考虑，把房屋提前过户给子女，结果，有的子女在拿到房产后便不像原来那样孝敬父母，甚至有的还将老人扫地出门。律师点评：对自己私有财产的处置一定要慎重。老人可以通过遗嘱等方式来处置自己的财产，以免以后出现不必要的纠纷。

第二，不要在处理房子时不留后路。老人现在“以房养老”比较多，即通过公证把房子给了保姆、邻居或者亲戚，让他们照顾自己。然而，当这些人没有承担照顾的责任时，老人想要回房子又没了办法。律师点评：老人一定要有书面的补充协议和约定，说明房子是自己出资买的，拥有永久居住权等类似约定。老年人不能把自己的权益保障全部押在子女的孝心和自觉性上，亲情是不能代替法律的。

第三，不要把工资卡等交给不放心的子女。因为老人没有把自己的证件保管好，或者轻易把证件交给子女，有的子女瞒着老人把房产、工资卡、存折等变成自己的。

第四，不要在“百年”以后为在世的老伴留麻烦。现在老人手头多有房子和钱财，法律规定，如果老两口一方去世，财产就由另一方和子女平分，这样做虽然合法，但对活着的老人伤害比较大。律师点评：建议老两口最好在身体好的时候，就立遗嘱把财产留给对方，或者跟子女先协商，等两个老人都“走”了之后，再继承老人的全部遗产。

房东提前解约　租房者可拒付房租吗

根据《合同法》第 99 条第一款规定：“当事人互负到期债务，该债务的标的物种类，品质相同的，任何一方可以将自己的债务与对方的债务抵销，但依照法律规定或者按照合同性质不得抵销的除外。”上述内容为法律关于“债的抵销”的规定。债的抵销，是指债权人和债务人互负种类相同的债务，因其相互抵充而使双方的债权债务同归消灭的事实，是债的消灭原因之一。债的抵销的成立条件是：1. 双方互负债务。2. 双方的债务是同一种类的给付。3. 双方债务的清偿期限均已届满，或一方的清偿期限未满但其自愿放弃期限的利益。4. 债务的性质决定其可以相互抵销。

如果房东违约提前解除合同，应承担违约责任，但违约金与房屋租金的性质是迥然不同的，因此，租房者应付的租金与房东应承担的违约责任不能相互抵销，不过，租房者可以要求房东赔偿因其违约给租房者造成的损失。

医疗鉴定费由谁出

医疗鉴定如果是诉讼中提出的，谁提出谁出钱。但根据最高法院民事诉讼法规定：医疗单位承担自己无过错并与现后果无关的举证责任。

所以，如果患者对鉴定程序及鉴定机构无选择的话，应由医疗单位提出鉴定，并由它交费。但是这只是垫付，鉴定费最终由败诉方承担。

达不成拆迁补偿安置协议能直接起诉吗

最高人民法院《关于当事人达不成拆迁补偿安置协议就补偿安置争议提起民事诉讼人民法院应否受理问题的批复》规定：拆迁人与被拆迁人或者拆迁人、被拆迁人与房屋承租人达不成拆迁补偿安置协议，就补偿安置争议向人民法院提起民事诉讼的，人民法院不予受理。《城市房屋拆迁管理条例》第十六条也规定：“拆迁人与被拆迁人或者拆迁人、被拆迁人与房屋承租人达不成拆迁补偿安置协议的，经当事人申请，由房屋拆迁管理部门裁决。房屋拆迁管理部门是被拆迁人的，由同级人民政府裁决。裁决应当自收到申请之日起 30 日内做出。当事人对裁决不服的，可以自裁决书送达之日起 3 个月内向人民法院起诉。”

由此可见，房屋拆迁时因达不成补偿安置协议而产生纠纷的，拆迁人或被拆迁人首先应当向房屋拆迁管理部门申请裁决，对裁决结果不服的，可以自收到裁决书之日起 3 个月内向人民法院提起行政诉讼，而不能未经裁决直接向人民法院起诉。

同时，需要明确的是，拆迁人依照规定已对被拆迁人给予货币补偿或者提供拆迁安置用房、周转用房的，即使被拆迁人提起行政诉讼，诉讼期间也不停止拆迁的执行。

债权人可代债务人追债吗

问：邻居李某向我借款 10 万，过期未还，不知去向。第三人陈某曾欠李某 8 万元，但李某一直怠于追索。请问，我能诉请法院判令陈某向我支付欠款 8 万元吗？

答：你的请求从表面上看似乎有些不合情理，但实际上所涉及的乃是债权、债务关系中的代位权问题，是有法律依据的。

《中华人民共和国合同法》第七十三条规定：“因债务人怠于行使其到期债权，对债权人造成损害的，债权人可以向人民法院请求以自己的名义代位行使债务人的债权。”李某向你借款

10 万元，到期不能归还，且下落不明，又不能积极有效地行使权利以追索陈某所欠的 8 万元货款。只要有证据证明李某对陈某到期的 8 万元债权怠于行使追索权，以致该债权未能及时收回以偿还你的债务，你就可以行使代位权对第三人陈某主张债权，并有权诉请人民法院判令陈某向你支付欠款 8 万元。

汽车未过户能否索购车欠款

问：今年 3 月份，我将一辆车以 8 万元的价格卖给了迪某。当时约定，迪某先付 7 万元购车款，余款 1 万元须于 6 月份前付清。迪某将车开走后，我们双方没有办理过户手续。前段时间，我向迪某索要余下的 1 万元购车款，迪某以车辆未过户、买卖合同未成立为由拒绝给付。请问：我能否向迪某要回尚欠的 1 万元购车款?

答：律师认为，你能追索尚欠的购车款。根据《合同法》第四十四条的规定，依法成立的合同，自成立时生效。法律、行政法规规定应当办理批准、登记手续生效的，依照其规定。汽车买卖合同的效力，主要是依据一般合同效力的条件来认定的，汽车的过户登记并不是买卖合同成立的必要要件，而是物权变动的要求。过户登记办理与否，影响的是标的物所有权是否依法转移，而对买卖合同及合同效力没有影响。因此，迪某以车辆没有办理过户手续为由拒绝支付尚欠的购车款是没有法律依据的。

债权文书如何强制执行

问：我一个朋友做生意时找我借钱，我们签订《借款合同》时到公证处做了公证，公证机关对债权文书赋予了强制执行效力。后来朋友拒绝还款。请问，我是否直接申请法院强制执行即可？

答：你的理解是对的。根据最高人民法院、司法部《关于公证机关赋予强制执行效力的债权文书执行有关问题的联合通知》的相关规定，债权人申请强制执行的需首先向原公证机关申请《执行证书》。公证机关在签发执行证书时，应当注明被执行人、执行标的和申请执行的期限。因债务人不履行或不完全履行而发生的违约金、利息、滞纳金等，可以列入执行标的；此外，根据《最高人民法院关于人民法院执行工作若干问题的规定（试行）》第十条规定，公证机关依法赋予强制执行效力的公证债权文书，由被执行人住所地或被执行的财产所在地人民法院执行。

结合你提供的情况，你应该持《公证书》《执行证书》向朋友住所地的基层人民法院申请执行。

该如何捐赠债权

问：我今年已经63岁了，很想在有生之年做点有意义的事情。因此，经再三考虑，我决定将我的13万元在外债权捐赠给当地的慈善机构。但我不知道捐赠债权应履行哪些手续。请问：我该如何捐赠债权？

答：《中华人民共和国公益事业捐赠法》第12条规定："捐赠人可以与受赠人就捐赠财产的种类、质量、数量和用途等内容订立捐赠协议。捐赠人有权决定捐赠的数量、用途和方式。捐赠人应当依法履行捐赠协议，按照捐赠协议约定的期限和方式将捐赠财产转移给受赠人。"因此，你可以和你选定的接受捐赠的慈善机构订立一份捐赠协议，并就上述内容做出约定，同时按时履行捐赠义务。必要时，还可办理捐赠公证。此外，你捐赠债权的行为其实还是一种无偿转让债权的行为，应受到债权转让规定的约束。《中华人民共和国合同法》第80条规定："债权人转让权利的，应当通知债务人。未经通知，该转让对债务人不发生效力……"因此，为使捐赠债权行为有效，你还应将捐赠债权之事依法通知各个债务人。

公证见证　分别适用哪些具体范畴

公证是国家公证机关根据当事人申请，对法律行为、有法律意义的文书和事实，例如赠予、遗嘱、继承等，依法证明其真实性与合法性的一种非诉讼活动。通过公证行为形成的公证文书成为特殊的书证，具有法律上的证据效力，甚至在债权明确的特定情况下，还有强制执行效力的证明。法律另行规定或当事人约定必须公证证明的法律行为，公证就是该项法律行为生效的条件之一。

见证是指具备一定法律专业知识的人员，受当事人或司法机关的委托到现场对勘验、检查、搜查、扣押等行为，以及公民的某些行为和事实，就自己亲眼所见，依法对这些法律行为的真实性、合法性进行观察、监督、做证证明的一种活动。见证以个人名义进行的属于私证性质，它与公证不同，在诉讼活动中只能起到证明或证据的作用，本身不存在法律上的证据效力。目前见证有三种形式：律师见证、乡镇法律服务工作者见证、普通公民承担的见证。

个人捐赠可抵扣个税

根据我国《个人所得税法》的相关规定，个人将其所得进行捐赠，在缴纳个人所得税前，可以抵扣个税。抵扣税额分为全额扣除和限额扣除两种：

1. 个人将其所得通过非营利性社会团体、国家机关向红十字事业、农村义务教育、公益性青少年活动场所、非营利性老年服务机构捐赠的，可全额扣除。

2. 个人将其所得通过社会团体、国家机关向教育和其他社会公益事业以及遭受严重的自然灾害地区、贫困地区的捐赠，捐赠额未超过其申报的应纳税所得额 30%的部分，可以从其应纳税所得额中扣除。

捐赠抵扣个税可按照当期抵扣和年终退税两种方式执行。

捐赠抵扣个税须在当期执行，这就意味着，纳税人最好在当月发工资、奖金之前进行捐赠，并拿着捐赠证明和单位财务部门说明，即可减免当月个税。

退税则是在捐赠 3 年有效期内可以办理，但办理手续极为复杂。

捐赠减免个税应注意以下事项：

第一，捐赠必须是公益、救济性质的。

第二，对于限额扣除，若纳税人实际捐赠额小于捐赠扣除限额，按实际发生的捐赠额扣除；实际捐赠额大于或等于捐赠扣除限额，按捐赠扣除限额扣除，超过部分不得扣除。

第三，纳税人直接给受益人的捐赠不得扣除。

第四，通过的社会团体、国家机关必须是中国境内的。

第五，捐赠必须取得相应的捐赠凭证。

哪些赔偿可以拿双份

遭遇欺诈买假货，可索双倍赔偿金

一般来说，商家欺诈行为的构成需要具备两个条件：经营者主观上有欺诈的故意，客观上实施了制造假象或者隐瞒真实情况的欺诈行为；消费者由于经营者的欺诈行为而陷入错误的认识中，购买了含有虚假成分的商品。只有同时具备以上两个条件，才构成欺诈行为，消费者双倍索赔的请求才能够得到法律的支持。

重复投保人身险，几份合同算几份

人身保险，是以人的身体和生命作为保险标的的一种保险。因此，《保险法》并不禁止在人身保险合同中的重复保险，被保险人可以先后或同时参加同一种或几种人身保险，而且可以根据约定得到规定的保险金。

拿了工伤补偿款，仍可拿侵权赔偿款

《最高人民法院关于审理人身损害赔偿案件适用法律若干问题的解释》第12条第2款规定："因用人单位以外的第三人侵权造成劳动者人身损害，赔偿权利人请求第三人承担民事赔偿责任的，人民法院应予支持。"

工伤补偿款和侵权赔偿款，对于劳动者来说，并无取舍之抉择，他们可以将二者统统收入囊中。

礼仪知识

名片交换礼仪

发送名片别贪早。选择适当的时候交换名片是名片交换礼节的第一步，除非对方要求，否则不要在年长的主管面前主动出示名片；对于陌生人或巧遇的人，不要在谈话中过早发送名片。因为这种热情一方面会打扰别人，另一方面有推销自己之嫌；不要在一群陌生人中到处传发自己的名片，会让人误以为你想推销什么物品，反而不受重视。

处在一群彼此不认识的人当中，最好等别人先发送名片。名片的发送可在刚见面或告别时，但如果自己即将发表意见，则在说话之前发名片给周围的人，可帮助他们认识你。

递交名片忌随意。递名片给他人时，要郑重其事，应该起身站立，走上前去，使用双手或者右手，将名片正面面对对方，交予对方。不要以手指夹着名片给人。

如果是与多人交换名片，应讲究先后次序，或由近而远，或由尊而卑，一定要依次进行。

接受名片要恭敬。当他人要递名片给自己或交换名片时，应立即停止手上所做的一切事情，如果手上有东西应该立刻放下，起身站立，面含微笑，目视对方。接受名片时应该双手捧接，或以右手接过，切勿单用左手接过。

接过名片后，当即要用半分钟左右的时间，从头至尾将其认真默读一遍，意在表示重视对方。接受他人名片时，应口头道谢，或重复对方所使用的谦词敬语，如“请您多关照”、“请您多指教”，不可一言不发。若需要当场将自己的名片递过去，最好在收好对方名片后再给。

看过名片后，应细心地放入上衣口袋或者名片夹中。若接过他人的名片后在手头把玩，或随便放在桌上，或装入臀部后面的口袋，或交予他人，都是失礼的。

不要弄脏名片的面子。名片不可在用餐时发送。切忌折皱对方的名片。在别人的名片上做标记也是不礼貌的。

握手礼仪：从掌心开始的交流

用手掌感知对方的态度

握手时，双方距离一米为宜，双腿立正，上身略略前倾。

手掌和地面垂直，手尖稍稍向下，从身体的侧下方伸出右手。伸手时，手肘不要太弯曲，显出一副很害羞的样子，应该自然大方地尽量把右手向前伸，但伸出的手不宜抬得过高或太低，太高显得轻佻，太低又使对方不容易注意到。

伸手时，四指并拢，拇指适当张开，再以手掌与对方的手掌相握（拇指根部相抵），上下摇动 1 ～ 3 次。握手时注意力度，过轻或过重都是失礼的。

握手的时间一般以 1 ～ 3 秒钟为宜，如果是表示鼓励、慰问和热情，而且又是熟人的情况，时间可以稍微延长，但最长也不应长过 30 秒钟。

握手时双目应注视对方，微笑致意或问好。

谁先伸出右手

在社交场合，握手时谁该先伸出手是礼仪规范的重点，通常应该按照以下的次序：应由职位或身份高者先伸出手；女士先向男士伸手；已婚者先向未婚者伸手；年长者先向年幼者伸手；长辈先向晚辈伸手；上级先向下级伸手；主人先向客人伸手；客人告辞时，应先伸出手来与主人相握。

适得其反的握手方式

握手礼仪有比较多的禁忌，如果有一个小细节没有注意到，会容易让人在第一印象中认为你很失礼。

在任何情况下拒绝对方主动要求握手的举动都是失礼的。

如果在抽烟时需要与人握手，千万不要换手持烟去握手，而是应该把烟放下，再伸手相握。

与别人握手时不能三心二意、东张西望；不要用左手与他人握手；不要在握手时争先恐后；不要在握手时戴着手套；不要在握手时戴着墨镜；不要在握手时将另外一只手插在衣袋里；不要在握手时面无表情，不置一词；不要在握手时长篇大论；不要在握手时把对方的手拉过来，推过去；不要以肮脏不洁或患有传染性疾病的手与他人相握；不要在与人握手后，立即揩拭自己的手。

什么时候不该与人握手

如果遇到以下几种情况，则不适宜握手：对方手部有伤；对方手上提着重物；对方正在忙于他事，如打电话、用餐、喝饮料、主持会议、与他人交谈等；对方与自己距离较远；对方所处环境不适合握手。

怎样做个优雅女人

手如何摆放：当需要将双手放在桌面时，比起随随便便把手张开放着，将手指尖并拢看起来更典雅。把物品放到桌子上之前，先用小拇指接触桌面，以防止发出大的声响，把杯子放到小碟上的时候，也要先用小拇指支撑一下。

如何指示方向：在给别人指点场所或者方向的时候，用手掌（掌心向上）而不是手指，是很有礼貌的行为。

怎样传递物品：应该用双手把物品递给对方。如果是文件或者书籍，要注意把便于阅读的方向朝向对方，避免直接塞给对方，同时轻柔地向上划出一道小弧线，这样做是最典雅的。接取物品时，不要用单手，一定要双手接过来，即使是小的物品，也要一只手垫在另一只手下面接住。

怎样开关门：开门或者关门时，不是只用一只手拉门把手，另一只手也要轻轻扶着门，慢慢开门，尽量不发出大的声响。

怎样优雅打伞：打雨伞时最好不要用肩膀扛着伞柄，把雨伞笔直地撑起来会显得很有气质。

穿上衣的顺序：应两手拿起上衣，衣服的内侧正对自己的身体，先把手臂伸进衣袖，最后整理衣领。

如何脱下上衣：从领子开始脱，双手挽到身后，让上衣慢慢滑落。放到椅子上或者其他地方的时候，把衣服里子朝外；挂在椅背上的时候，要挂放在椅背的外侧。

怎样挎包：作为女性，坤包挽在小臂上最能体现女性特色，在不影响手腕活动的条件下，要贴靠身体一侧。如果手腕朝外侧的话，就像螃蟹一样张牙舞爪，坤包或手腕都会影响到别人。此外，不管肩包挎在哪边肩膀上，双肩都要注意保持水平，同时用手轻握住包带。

酒宴上如何说话

众欢同乐，切忌私语。大多数酒宴宾客都较多，所以应尽量多谈论一些大部分人能够参与的话题，得到多数人的认同。特别是尽量不要与人贴耳小声私语，给别人一种神秘感。

瞄准宾主，把握大局。大多数酒宴都有一个主题，也就是喝酒的目的。赴宴时首先应环视一下各位的神态表情，分清主次，不要单纯地为了喝酒而喝酒，而失去交友的好机会。

察言观色，了解人心。要想在酒桌上得到大家的赞赏，就必须学会察言观色。因为与人交际，就要了解人心，左右逢源，才能演好酒桌上的角色。

锋芒渐射，稳坐泰山。酒席宴上要看清场合，正确估价自己的实力，不要太冲动，尽量保留一些酒力和说话的分寸，既不让别人小看自己又不要过分地表露自身，选择适当的机会，逐渐放射自己的锋芒，才能稳坐泰山，不致给别人产生“就这点能力”的想法，使大家不敢低估你的实力。

办公室里的珠宝佩戴礼仪

首先，佩戴珠宝饰品应该以不妨碍工作为原则。工作时所佩戴的珠宝首饰不要过于奢华和复杂，比如太长的项链和款式繁复的耳环都是不适合的。还有，假如你佩戴的珠宝饰品在工作时会发出声音，为了不影响别人的工作情绪，也应该立即取下来。

另外那些镶有大颗宝石、钻石的首饰和光芒耀眼的黄金戒指更是不宜在工作场所佩戴。工作的时候可以将它们暂时取下收好。而有些在不经意间对工作产生影响的首饰，也要倍加留心，必要时还是不戴为佳。譬如在电话交谈的时候，如果一位戴耳钉的女士按照习惯方式接听电话，就经常会出现耳钉和电话听筒相互摩擦，发出叮叮撞击的声音。通话时间久了，这种声音一定会使与你交谈的人非常反感。

总之，在办公室佩戴珠宝首饰还是应该以干练、简洁、不张扬为好。

西餐用餐礼节

女士优先。西方一切以女士优先，步入餐厅要让女士先行进入。女士落座后由其点餐，上菜时也会为女士先上菜品。

顺序。正式的西餐在上菜的顺序上非常讲究，顺序为：头盘(开胃菜)＋开胃酒、汤、沙拉、主菜(扒类)、主食、甜品、饮品。

餐具。吃西餐刀叉的拿法一定要正确：右手持刀，左手拿叉。切时不要用力过猛，不要锯食物，要掌握好腕力，慢慢切开。食用食物时切不可用刀取食物直接送入口中。将刀叉摆成“八”字形状放于盘子中央，刀刃朝向自己，表示要中途休息，餐还未用完。将刀叉并排放于盘中，表示该菜已食用完可撤盘。切记不可将刀叉摆成“十”字形，西方人很忌讳。如出席正式的西餐宴会，使用刀叉应先从外侧往内侧取用，以适用按顺序所上的菜品。

品酒。西餐品红酒的正确方法是将酒杯倾斜，慢慢将酒送入口中，小口细细品味。

喝汤。吃西餐饮用汤时首先要注意汤勺应从内向外舀喝。喝汤时闭嘴咀嚼，不要发出声响。

饮用咖啡、红茶。在饮用咖啡时，夹取方糖通常用糖夹或咖啡匙，切勿直接用手去拿。方糖放入杯子后，不可用咖啡匙用力去捣碎，应等其慢慢溶化，并用咖啡匙搅拌均匀。饮用咖啡、红茶时，不要用咖啡匙舀着一匙一匙地喝，应将咖啡匙取出再饮用，而且要一小口一小口地品。饮用咖啡时可以用左手将咖啡碟端至齐胸处，右手从碟中端起咖啡杯饮用，喝完后把咖啡杯子放在咖啡碟子中。

坐姿正确才能避免走光

穿裙子时膝盖要并拢。当穿着裙子在公众场合坐下时，膝盖一定要并拢，这是最基本的礼仪常识，也是防走光的方法。只要膝盖并拢，无论是双腿正对着对方，或者双腿向一侧微微倾斜，走光的几率都近乎为零。

“4”字形跷腿必定走光。很多人喜欢跷二郎腿，成“4”字形坐着，但这种姿势，不仅很不优雅，走光率还很高。

如果女士嫌上面一种坐姿太严肃，可以采取膝盖并拢，小腿交叠的坐法，脚尖向下，这种姿势也是坐在高脚凳上的首选姿势，不仅不易走光，而且脚面绷直，腿会显得特别修长。

2/3 的臀部坐在椅子上。落座之前先把裙子拉平，这样不仅为了防走光，还避免了起身后裙子起褶皱。坐下时不要整个人都陷进椅子，最好只有 2/3 的臀部坐在椅子上，这样大腿是向下倾斜的，有助于防止走光。

职场新人称呼三原则

主动开口问。新人刚到单位，要先问问同事或者留心听听别人怎么称呼，不要冒冒失失想当然地称呼对方。如果实在不清楚该怎么称呼，可以客气地问对方："先生 / 女士，我是新来的，不知道该怎么称呼您？"一般对方会把同事的习惯称呼告诉你。

多动笔。进入单位的第一天，和本部门的同事认识后，一般还会去其他部门见同事，仅仅凭脑袋不可能一下子记住所有人的名字、职位，那么日后会不会搞错呢？不妨随身携带一个小记事本，大体记下一些同事的姓名，在后面加上长相特征、所负责的工作等注解。

表情、语气很重要。准确称呼别人，除了根据对方的职位、工作单位性质、场合、年龄、性别等把握好分寸外，应用感情色彩也是非常重要的。特别是称呼地位比较高的人时，眼神、表情、语音的高低、腔调等都非常关键。如果声音比较低沉、语气比较平静，对方以及在场的人士会觉得你要么没礼貌，不懂得尊重别人，要么性格内向，表现拘谨，不够大方。但如果叫得过于热情，会被认为为人势利。称呼任何人都要注意自己的表情和声音，让在场的人感觉到你热情、落落大方，又不卑不亢。

自助餐会礼节

不在一个地方停留太久。在自助餐会上，与他人广泛交流才符合主题。不要在餐台一直霸占着椅子，也不要与好友长时间聊天，更不要放弃难得的交际机会，默默站在墙角。

巧妙展现手部曲线。如何优雅地拿着酒杯，是许多人的疑问。其实这并不难：用拇指、无名指和小指牢牢握住杯脚下方，中指扶着杯脚，食指轻搭在杯脚与酒杯连接处。手指尽量伸直，显现手部优美曲线。

顺时针取菜。即使是自助餐会，也应该按照冷盘、主菜(热)、甜点的顺序取食物，一般情况下，按照顺时针方向取菜就对了。每次取的量不要多，餐盘空出 1/4 的位置，以便放置酒杯，如此，站着吃东西一样很斯文。吃完后，应主动将空餐盘放回餐台。

用餐的礼仪

用餐的时候，要注意敬酒和自己用餐的礼节。先谈敬酒。敬酒时，先要向大家举杯敬酒示意一次，之后才是向个人敬酒。向个人敬酒时，应先与主宾碰杯，再按顺序与其他的客人一一碰杯（也可根据客人职位的高低顺序）。如宾客太多，只可举杯示意。

切记不要跳越顺序敬酒，也不可只跟主宾不与其他客人敬酒，或者只跟部分人碰杯敬酒。

再谈用餐的礼节。1. 坐姿端正，不可只顾自己吃东西，每上一道菜要先请主宾品尝，并略作解说，也可请服务员加以说明。2. 不要用自己用过的筷子给客人夹食物。3. 客人在夹菜或者正吃东西时，不可举杯向客人敬酒；客人向自己敬酒时，应停止吃东西，微笑着举杯回应。4. 自己取用较远的东西时，应请别人拿过来，不可离座去取；夹菜时不可一路滴汤。5. 嘴里有食物时，不可与人谈话。6. 喝汤用汤匙，不出声；嘴角不可留有食物残余；不以各种理由强迫对方喝酒，碰杯时不要高过对方杯子。7. 谈话时不要挥舞筷子。

在西餐桌上的失仪陷阱

餐桌上的每道菜式，虽然卖相吸引人，但若处理不当，却会成为你的“失仪陷阱”。

面包。在餐桌礼仪上，有所谓“左面包，右水杯”的说法，千万不要将两者倒转摆放。面包要放在伸手可及的地方，若想涂牛油，先把牛油碟移至自己的碟边，再涂抹到面包上。很多人喜欢将面包蘸汤，这种食法甚不好看，应尽量避免。

汤。饮汤时，首先尽量不要发出声音；另外，若觉汤太烫，应待它稍凉后才喝，汤匙放到嘴边，分开数次才能喝完，实在有失礼仪。若汤碟没有把手，这时候，就可用双手捧着碟子喝汤。

烤肉。按照烧烤程度，烤肉大致可分为半熟、略生、生熟适中、略熟、熟透等多种。点菜时，要先选好烤肉的烧烤程度。

牛扒。应从左往右吃。将牛扒切成小小一块来吃，不单卖相不好，而且还会溅出肉汁，若牛扒凉得较快，就会失去其应有的味道。

鲜鱼。享用鱼类菜式时，若吃到鱼骨，不要把它直接从嘴里吐出，最好的方法，是用舌头尽量把鱼骨顶出来，用叉子接住，再放到碟子的一角。若不幸鱼骨卡进牙缝间，就用餐巾掩着嘴，利用拇指和食指将之拔出。至于使用牙签时，也要用餐巾掩着嘴来进行。

遵守开会礼仪

各种会议的主持人，一般由具有一定职位的人来担任。主持人应衣着整洁、大方庄重。入席后，如果是站立主持，应双腿并拢，腰背挺直。坐姿主持时，应身体挺直，双臂前伸。两手轻按于桌沿，主持过程中，切忌出现搔头、揉眼等不雅动作。主持人应根据会议性质调节会议气氛。主持人对会场上的熟人不宜打招呼，更不能寒暄闲谈，会议开始前或会议休息时间可点头、微笑致意。

如果要在大会上发言，也要注意发言人的礼仪。

会议发言有正式发言和自由发言两种。正式发言者，应衣冠整齐走上主席台，步态应自然、刚劲有力。发言时应口齿清晰。如果是书面发言，要时常抬头扫视一下会场，不能低头读稿，旁若无人。发言完毕，应对听众的倾听表示谢意。

如果有会议参加者对发言人提问，应礼貌作答，对不能回答的问题，应机智而礼貌地说明理由，对提问人的批评和意见应认真听取，即使提问者的批评是错误的，也不应失态。

生活礼仪六注意

1. 避免不该说出口的回答。像是："不对吧，应该是……"这种话显得你故意在找碴儿。另外，我们也常说："听说……"感觉就像是你道听途说得来的消息，有失得体。

2. 改掉一无是处的口头禅。每个人说话都有习惯的口头禅，但会容易让人产生反感。例如："你懂我的意思吗？"、"你清楚吗？"、"基本上……"、"老实说……"

3. 别问不熟的人"为什么？"如果彼此交情不够，问对方"为什么？"有时会有责问、探人隐私的意味。例如，"你为什么那样做？"、"你为什么做这个决定？"这些问题都要避免。

4. 别以为每个人都认识你。碰到曾经见过面，但认识不深的人时，绝不要说："你还记得我吗？"万一对方想不起来，就尴尬了。最好的方法还是先自我介绍："你好，我是 ×××，真高兴又见面了。”

5. 掌握 1 秒钟原则。听完别人的谈话时，在回答之前，先停顿 1 秒钟，代表你刚刚有在仔细聆听，若是随即回话，会让人感觉你好像早就等着随时打断对方。

6. 微笑拒绝回答私人问题。如果被人问到不想回答的私人问题或让你不舒服的问题，可以微笑地跟对方说：“这个问题我没办法回答。”既不会给对方难堪，又能守住你的底线。

沙滩排球观赛礼仪

欣赏沙滩排球比赛，观众除了关注比赛的输赢、金牌的归属之外，更应该享受整个比赛的过程，享受自然、人体、运动美所带来的愉悦。观众可以大声地为每一个好球喝彩，在阳光、沙滩之间充分释放自己的好心情。

晴朗的天气适宜比赛，但观众在观看沙滩排球比赛前应适当抹上一些防晒霜以降低紫外线对皮肤的伤害。墨镜、饮料是观赛必不可少的，可以在灿烂阳光下保持清晰的视野和及时补充水分。但为了不影响周围的观众，不提倡撑开遮阳伞。

射击观赛礼仪

（1）尊重所有的运动员，不带有任何的种族、民族的歧视。（2）射击比赛存在着一定的危险性，所以一定要按照赛场的要求到指定的地点就座，以免发生危险。（3）严禁在比赛场地内大声喧哗、打闹、争斗。在运动员发射时一定要保持赛场安静，以免影响运动员的注意力。（4）不要吝啬鼓掌。没有观众掌声的比赛显得过于冷清，体现不出比赛的魅力，所以在宣布比赛成绩时，观众应报以热烈的掌声，而不要嘘声四起，鼓倒掌。（5）爱护场地和公共设施。

曲棍球观赛礼仪

曲棍球比赛具有攻守转换速度快、对抗激烈等特点。观众可随着攻防节奏的变化鼓掌或加油呐喊。在判罚短角球和点球时，全场应保持安静，因为这两种罚球都要听到裁判员的哨音才能触球。短角球是否成功取决于技、战术的配合，噪声可能会影响队员间的交流和发挥。点球则是守门员和罚球队员间的斗智斗勇，保持安静可以使运动员集中注意力，更好地发挥水平。

皮划艇观赛礼仪

皮划艇比赛是一项能够给人很大美感和愉悦享受的运动，它既有激烈的对抗和竞争，也有运动员完美发挥技术时展现的运动之美和韵律之美。所以观众在观看比赛的时候，应当动静结合。

观看比赛的时候，观众能欣赏到运动员矫健的形体、有力的动作，还能看到漂亮的舟艇在激流中划过的轨迹。再加上人体所必需的阳光、空气、水三大要素，无不给人以美的享受。同时，皮划艇比赛因为在室外进行，加上水的反光作用，观众一定要注意防晒并进行适当的防暑降温。

由于皮划艇项目的比赛场地都选在室外，观众也只能在水面的两岸为运动员加油助威。在静水比赛项目中，无论是单人项目还是多人项目，比赛的关键在于节奏的掌控。观众最好能找准运动员的比赛节奏，跟着运动员划桨的节奏为他们加油，这样才会真正帮助运动员。

现代五项观赛礼仪

现代五项比赛按射击、击剑、游泳、马术、跑步五个小项的顺序进行。现代五项比赛考察的是运动员的耐力和综合素质，要求运动员具有过硬的身体素质和全面的技术水平。设男子和女子个人项目，参赛人数为36人。

观看现代五项比赛的射击、游泳、击剑等在场馆内进行的比赛项目时，需要相对安静的环境，观众应该关闭手机或设置在振动、静音状态。禁止吸烟，更不能发出刺耳的叫喊。在观看马术比赛时必须保持安静。

由于现代五项比赛的五个项目是在同一天进行的，运动员的体力和精力消耗非常大。无论比赛选手取得怎样的成绩，观赛的观众都应该给予掌声和鼓励。

垒球观赛礼仪

观众在看比赛之前，最好先了解一下垒球比赛的基本规则，这样才能看出精彩之处，充分享受观赛乐趣。为了创造一个让运动员充分发挥水平的良好氛围，观众也要注意自己的行为举止，文明得体，热烈而有节制。

和其他球类比赛一样，观众可以组织拉拉队为自己喜爱的球队鼓劲加油，但是要控制好节奏感，最好不要一味狂呼乱喊。投手投球和运动员击球的时刻是最紧张的，这时候运动员集中了全部的注意力，所以此时应尽量保持安静，当球被击出之后，就可以尽情喝彩了，观众高涨的情绪将有助于感染运动员，让他们发挥最佳水平，尤其是场上出现本垒打时，观众的欢呼和运动员的精彩表现相得益彰，把比赛推向高潮。

铁人三项观赛礼仪

铁人三项运动是高强度的耐力性竞赛项目，是对运动员的体力和意志最具考验的运动项目。比赛中，当运动员通过时，观众应热情地为运动员鼓掌加油。

在主会场观看比赛时，观众应按时到场，接受安检，并避免影响他人观看比赛和现场转播。同时，观众应遵守有关的比赛现场的规定，禁止进入赛事工作管理区域；禁止穿行比赛通道和赛道隔离设施。经过比赛通道各出、入口时，应听从管理人员指挥。

在赛道沿途观看比赛时，观众要服从管理人员的指挥，不要横穿赛道，以免影响运动员的比赛，或对运动员和自身造成伤害事故。要理智观赛，不得向赛道投掷水瓶和物品。此外，观众不得向通过的运动员身上泼水或递饮用水，以及帮助发生自行车故障的运动员修车。

为了更好地观看比赛，观众在赛前也应该做好观看比赛的相关准备工作。首先，要了解铁人三项比赛的一些基本知识和特点。第二，要了解比赛的路线、沿途路段的禁行规定、观众区和通往观众区域的路线、时限。第三，要根据所希望观看的赛点选好交通工具和路线。第四，由于全部比赛都在室外进行，所以观众一定要考虑天气情况，如注意防晒、防雨等方面的问题。

马术观赛礼仪

起源于欧洲的马术有着“贵族运动”的称号。马术中，骑手必须戴高帽子和穿燕尾服。男选手必须是白马裤，而女选手是白或浅黄褐色的马裤，同时着黑靴子。观看马术比赛要注意衣着整洁，不要太过随便。

比赛过程中最需要观众注意的是，一定要保持赛场的安静。比如盛装舞步赛是展示骑乘艺术的最高境界，所以对观众的要求也最为苛刻。有的比赛场地距离看台很近，如果看台上出现太大的动静,可能会导致马匹不愿意到看台旁边的区域进行动作展示，这将极大地影响到骑手和马匹的最后得分。比赛中如果观众对骑手和马匹的表演感到满意，也不能在比赛中开始鼓掌，而是要等到比赛结束后再鼓掌表示支持。此外，看台上的观众拍照不能使用闪光灯，手机也要关机或设置在静音状态，尤其是不能摇摆任何旗帜和饰品。

欣赏这项运动时，首先看马，可以从马匹的驯顺、调教程度和马匹对骑手的缰、脚、骑坐扶助的反应能力，选手和马匹动作配合的协调性等来判断水平的高低,骑手与马应该完全融为一体。其次看骑手，骑手的每一个动作都应该自然流畅，腰部和髋部保持平衡。比赛中，骑手只能用施压和接触的方法控制马，而不许吆喝和喊叫，否则将被罚分。

手球观赛礼仪

在手球比赛中，球很容易在队员的大力抛击下飞出场外，飞到观众席上。此时，捡到球的“幸运观众”一定要及时地将球抛回场内，绝不能“据为己有”。

跟大多数球类运动一样，观看手球比赛也没有太多的禁忌，但是最好不要在比赛进行中随意走动。首先，在看台上随意走动是一种不礼貌的行为，会给看台上的其他观众带来很多困扰，比如挡住他们视线等。另外，大面积的观众在看台上走动，会影响球员的判断，虽然看台和球场有一定距离，但是根据球员的亲身经历，他们认为看到看台上人头攒动会极大地影响他们对来球的判断。

手球运动给人气势刚猛的感觉，运动员在场地内的激烈“搏杀”，很容易调动起大家的积极性，让观众热血沸腾。观众在观看手球运动时，击鼓、拍手、做人浪等加油方式都是允许的，但很重要的一点是千万不要发出与裁判的哨声相似的声音，比如吹口哨之类的。

田径观赛礼仪

（1）观摩比赛应提前入座，这样，既尊重运动员，也不影响他人观看比赛。

（2）颁奖升旗奏歌时，应肃静起立，不要谈笑或做其他事情，以示尊重。

（3）运动员出场时，观众应该给予鼓励和掌声，不应只给予本国的和自己喜欢的运动员，还应包括其他的运动员。

（4）当运动员开始跳跃或投掷项目助跑时，观众可以根据运动员的助跑节奏鼓掌，注意不要在看台上随意走动。

（5）在高度项目比赛中，即使运动员水平再高，最终都要以自己所不能逾越的高度而告终。所以当运动员成功越过某一高度时，我们应该向运动员表示祝贺。但是，当运动员最终未能越过更高高度的横杆而结束比赛时，观众也应该向运动员报以热烈的掌声。

（6）在进行短距离径赛项目时，当运动员站在起跑线后，宣告员开始介绍每位运动员时，观众应报以热烈的掌声和欢呼声，以表示对运动员的喜爱和支持。当裁判员发出“各就位”口令后，即运动员俯身准备起跑时，赛场应保持绝对的安静，观众不要鼓掌呐喊，而应该在心里默默地为运动员加油，以免使场上运动员由于场外因素而分神。当发令枪响后，观众就可以完全释放出自己的活力和激情，为自己的偶像呐喊助威了。

（7）在一些长距离项目中，如马拉松，当远远落后的运动员坚持到终点时，观众应该把最热烈的掌声送给这些运动员，为其重在参与的精神鼓掌。

（8）比赛结束时，获胜运动员为答谢观众一般还会绕场一周，大家一定要用掌声和欢呼声为其精彩表现表示欣赏和鼓励。

举重观赛礼仪

（1）观众应提前入场，并尽快坐到观众席上等待比赛开始。

（2)观看举重比赛要注意举重台侧面或背面的大型显示屏，显示屏清楚地显示了运动员国籍、姓名、体重、第几次试举、重量是多少公斤，奥运会纪录和世界纪录。

（3）裁判员点到运动员名字后，可以鼓掌加油，并欢呼运动员的名字，以提高运动员的兴奋性。

（4）在运动员走上举重台握住杠铃后要保持全场安静，不要大声呼唤及鼓掌加油，以免影响运动员的正常发挥。

（5）观看比赛应对运动员一视同仁，持公正态度。国际比赛中，要注意国际影响和民族尊严，要在其他国家和民族面前表现出中华民族的自尊、自爱和宽容大度。要能接受各种可能的比赛结果，为双方运动员鼓掌助兴，不做有损国格的事情。

（6）应礼貌地对待运动员，对偶尔失误的运动员要谅解、鼓励他们。不可当场扔东西，出言不逊，发泄自己的不满，以免损伤运动员的自尊心和自信心。

（7）要支持裁判员的工作。瞬息万变的体育竞技，难免出现判断失误，不应对裁判员起哄。

击剑观赛礼仪

击剑比赛和任何体育竞赛一样，都是需要运动员与观众进行互动的竞赛项目。观众良好的行为举止，不但有利于顺畅地观看比赛，而且有助于运动员在场上保持良好的比赛情绪。

（1）观众进入和退出场地时要有序，一般要提前到达场地，这是对运动员、教练员和裁判员最起码的尊重。

（2）玻璃瓶、易拉罐饮料都是不允许带进场地的，只允许带软包装饮料进入场馆。退场时，垃圾要用方便袋或者纸袋自行带出。

（3）比赛场内禁止吸烟。

（4）在比赛开始时，一定要保持安静，不要吃东西或互相聊天、大声喧哗。

（5）不能在击剑场馆内使用闪光灯。

（6）手机要关机或设置在振动或静音状态。

（7）运动员发挥得好，观众要鼓掌；发挥得不好，也要给予运动员支持和鼓励，不能喝倒彩。当双方运动员交锋结束，裁判员下达“停”的口令时，观众应保持安静，倾听裁判员的判罚之后，观众可为双方运动员鼓掌加油。当裁判员下达实战开始口令时观众应保持安静，使运动员能听清裁判员下达的每一个口令，以免影响比赛的正常进行。

（8）比赛结束后，为优胜者颁发奖牌同时演奏其国歌，这时观众应全体起立并肃静。

体操观赛礼仪

观看体操比赛应提前到场，比赛结束后再退场。进出场地要有序，不要拥挤，要尊老爱幼。比赛时，不要随意走动。在场地内不要高声说话，应举止文明，不随地乱扔杂物，禁止吸烟。学习必要的竞赛知识，既要看运动员优美的动作，也要看其动作技术和风格；既要欣赏运动员精湛的技艺，也要感受他们的顽强作风和内在品质；既给本国选手加油，也给外国运动员鼓掌。

运动员做动作前需要排除一切杂念。观众此时应全神贯注地观看，不要鼓掌加油，不要欢呼，更不要喊运动员的名字。拍照不要使用闪光灯，因为闪烁的灯光会分散运动员的注意力，影响运动员对空间高度和时间方位的判断，甚至可能造成比赛失误或者受伤。在运动员即将出场时呐喊加油，在运动员动作结束时鼓掌，才是得体而恰当的行为。

跆拳道观赛礼仪

在跆拳道比赛中，主要以腿法为主，动作强调击打要有力度和准确。双方攻防转换速度非常快，并且在进攻和防守时鼓励运动员发声扬威。因此，跆拳道比赛时，场上场下喊声不断，看到漂亮的击打，无论是否得分，观众都可以大声地喝彩。

跆拳道有较为规范的礼仪要求。运动员入场时，要向裁判敬礼，向教练敬礼，向对手敬礼，有时运动员还会向观众敬礼以示尊重，此时观众应给予掌声回应。

在观看跆拳道比赛中禁止吸烟；手机要关机或设置在振动、静音状态。严禁向场内投掷杂物，不能发出嘘声和吹口哨等，这些都被认为是不文明行为。

游泳观赛礼仪

观众进出场地要有序，要在比赛前到达赛场，这是对运动员、教练员和裁判员最起码的尊重。

玻璃瓶、易拉罐饮料都是不允许带进场地的，比赛时只允许带软包装饮料进入赛场。垃圾要用方便袋或者纸袋自行带出。

观众的衣着要整洁、大方，不可太随便。

在比赛开始时，特别是运动员准备出发时一定要保持安静，不要吃东西或互相聊天、喧哗。在比赛中，最好不要走动。

观众一定要记住不允许在游泳馆内使用闪光灯。

场馆内禁止吸烟。

看比赛可以高喊自己喜欢的运动员的名字，可以在啦啦队的统一指挥下高喊口号，但不能喊出不文明语言。

运动员发挥得好，观众要鼓掌。介绍各国运动员时也要给予运动员支持和鼓励，不可喝倒彩。

比赛结束后，为优胜者发奖牌，同时演奏其国歌。这时，观众应全体起立并肃静。

摔跤观赛礼仪

（1）为了赛场安全，观众不得妨碍或拒绝配合赛场的安检工作。

（2）在观看比赛时，不要把自己当成是专家，对比赛形势和队员表现指指点点、喋喋不休，影响他人观赛。对运动员和裁判员的表现不满意便乱喊、谩骂，这是对运动员和裁判员的不尊重。

（3）加油助威时，要使用文明的语言，同时也要控制自己的情绪，不要一激动就出言不逊。看摔跤比赛时，首先要了解规则，可以通过裁判的手势尽快投入观看比赛。

（4）服装仪容要整洁，不能光膀子。带进场馆的食品包装、纸壳等，放到指定的垃圾箱，或看完比赛后打包带出场馆，妥善处理。

（5）摔跤比赛都在室内进行，所以场馆内不允许吸烟；手机要关机或设置在静音状态。

（6）有的观众喜欢在看比赛时起身张望或挥大旗，这些行为会影响后面的观众。

（7）在介绍运动员的时候，观众应该给予掌声鼓励。

（8）在升比赛双方的国旗、奏国歌时，应该庄严肃静，全体起立。

乒乓球观赛礼仪

乒乓球运动是一项很细微的运动。在比赛过程中，运动员的心理和精神都处于一种高度集中的状态中，运动员需要用眼睛仔细观察，还要用耳朵听出对手球拍撞击球的声音，从而做出判断。乒乓球运动需要一个很好的赛场环境，因此，观看乒乓球比赛应该注意以下几点：

（1）从运动员准备发球开始到这个球成为死球的这一段时间内，整个赛场要保持安静，不要鼓掌、跺地板、大声讲话、呐喊助威、随意走动、展示旗帜和标语等。

（2）不要使用闪光灯拍照。闪光灯对乒乓球比赛的影响是非常大的，因为乒乓球球拍和球的碰撞是在瞬间完成的，闪光灯会闪花运动员的眼睛，使运动员无法判断来球的质量，从而影响到回球的质量和命中率。

（3）呐喊助威时要含蓄一些，不要将锣鼓和喇叭带进体育馆内，因为过大的声音、过激的语言会影响到运动员的心情和注意力。

排球观赛礼仪

观众应提前入场，比赛期间少走动，将手机关机或设置为振动、静音状态。

开赛前，运动员集体入场举行仪式，向观众席行礼致意时，观众应用热情的掌声回应。

单独介绍教练员、运动员及裁判员时要报以热烈的掌声。

运动员做准备活动时，如球飞到看台，观众不要直接将球扔回场内，应将球捡起交给捡球员。

比赛中，运动员发球时，任何声响干扰都不受限制。如果运动员发球失误，观众也可以鼓掌表示对另一方得分的祝贺，只是不要过分地鼓“倒掌”。因为这样容易使运动员本已很遗憾的心情更加郁闷，是不礼貌的行为。

暂停时，运动员会回到双方的替补席附近，教练员对运动员安排战术时，场内有声音是允许的。但观众不能向场内投掷硬物或有针对性地刺激运动员。

可以带有倾向性地观赛，但要尽量与全场气氛一致。如全场都在做人浪，你不要坐着不动；周围的人都很沮丧时，你不能过分地幸灾乐祸，这样不但不礼貌，而且容易引发球迷间的冲突。

比赛中，观众应尊重运动员的表演和裁判员的工作，不使用不文明的、侮辱性的言行刺激运动员和裁判员。观看比赛时，禁止燃放烟火、向场内抛掷物品、破坏公物、做不文明手势，禁止吸烟。照相不宜使用闪光灯。

理财知识

股票投资九点建议

1. 股票投资不是购买股票，而是购买股票代表的公司。

2. 选择某一股票的唯一原因必须是该公司具有盈利性。

3. 不能把你的全部资产都投资到股票上。

4. 在市场低迷的情况下，股票不是一项好的投资选择。

5. 股票价格依赖于公司的运营状况。因此，公司的外部环境，例如消费者情况、行业状况、整体经济形势等，都是股票投资不可忽视的方面。

6. 在选择股票的过程中，个人的投资灵感和逻辑分析的重要性不亚于专家的建议。

7. 要时刻保持清醒的头脑，明白“你为何投资股票”以及“为何选中了某只股票”。

8. 不能预测公司前景的时候，务必要使用止损指令。

9. 即使选择了“长线投资”策略，也应该时时追踪股票动态。当它们不具有升值能力或者整体经济形势发生逆转时，你应该果断抛出股票。

股票的“五个一工程”

第一，一生坚持独立思考。投资股票第一要做到独立思考，第二要正确地思考，第三是不要让你的思考停下脚步，不要听信小道消息，因为天上不会掉馅饼。

第二，一定要用闲钱投资。所谓闲钱是指你 5 年到 10 年都不用的钱，这样即使发生亏损也不会影响你的正常生活。

第三，一定不让本金亏损。投资股票一定首先考虑风险，然后才是收益。“留得青山在，不怕没柴烧”。投资股票的最重要原则是不要亏损。

第四，恪守一种赢利模式。每个投资人都会有自己的投资方法，只要是能够持续赚钱就要坚持。没有一种放之四海而皆准的方法，你要不断总结自己的方法并不断完善它。

第五，保持一个良好心态。做股票就是做心态，因为 90%的行情都在你心里。

外币理财需谨慎

对比各大银行发行的外币理财产品不难发现，目前 6 个月期美元理财产品的年化收益率多在 3%~4% 之间，6 个月期澳元理财产品的年化收益率多在 5% 以上，6 个月期港币理财产品的年化收益率多在 3%~4% 之间。而某国有银行的 1 款 1 年期澳元理财产品，预期年化收益率更是达到了 5.8%。在提高预期收益率的同时，各大银行还加大的外币理财产品的发行力度。银率网分析师毛亚斌认为，目前外币理财的方式有存款、外币交易和购买理财产品，对于持有外币的消费者来说，购买外币理财产品是不错的选择。不过，理财产品分为保本和不保本、浮动收益和固定收益，购买外币理财产品除了上述可能存在的风险外，还有汇率风险。由于理财产品往往期限较长，长期行情中，汇率走势会不会突然来个 180 度大转弯谁也说不好。因此，购买外币理财产品时一定要结合自身的风险承受能力，不能只盯着高收益。

现代女性该如何理财

随着经济增长和居民家庭财富的增加，女性在家庭理财中的地位也越来越重要。专家给女性理财定下了几条原则，非常实用。

原则一：科学分配资金，盲目消费不可取。现代女性大多有自己的工作和收入来源，在经济上较为独立。在此建议女性要养成记账的好习惯，分析家庭每月开支中哪些是必要消费，哪些是可选消费，哪些是盲目消费，从而了解自己家庭资金的流向，然后在日常生活中保证必要消费，根据家庭资金状况适当降低可选消费，坚决杜绝盲目消费。

原则二：学习金融常识，不要随大流投资。虽然家里的闲钱增加了，投资的渠道也比以前多，但女性往往在消费和投资上喜欢从众，听到周围的姐妹说在基金上赚了一倍，第二天就可能有冲动去购买基金，听说股票好又马上开户玩起了股票，完全不了解其风险性。遇到股市的暴跌，这才知道基金、股票也是会亏本赔钱的，而后又盲目杀跌，造成家庭资金的缩水。专家建议女性也需要花时间学习一些基本的金融常识，根据自己的风险承受能力和自己家庭资金的状况，科学地分配家庭资金，选择适合自己家庭的投资产品进行投资。

原则三：早做养老准备，享受长寿生活。由于女性预期寿命一般较男性长3~7岁，加上婚姻习惯中男性平均比女性大2~5岁，夫妻双方的生存年龄将相差10岁。这也就是说大多数女性在晚年时，少则几年，多则十几年里需要自己照顾自己，这就使得女性应该重点关注养老问题。专家建议在资金允许的条件下，女性应该适当补充一些商业养老保险的投入，年轻时每月投入适当金额，就当是强制储蓄，退休后即可每年（或每月）领取养老金，适当补充家庭养老资金，这样即使年老时不幸配偶先离去，自己也可以不用为养老资金而犯愁。

理财高手的七个好习惯

1. 先付钱给自己。每到发薪时便叮嘱自己划出15%~25%的钱，用于购买投资基金。

2. 记下开支情况。这有助于你了解个人或家庭的重要花费，明确生活的底限与目标。

3. 只留下一张信用卡。你持有的信用卡越多，你花钱的机会和欲望也就越大，积攒的透支款也越多。

4. 避免盲目购物。让你的购买行为变得谨慎起来。培养其他消遣方式，如看书、聊天、运动等。

5. 延长物品的使用寿命。学会用心爱护你的衣物，努力延长它们的使用寿命，可以省下不少钱。

6. 将意外之财存起来。对于非预期的一笔金钱，如股利、奖金等，应该用于为退休生活而储蓄、投资的项目上。

7. 利息和股利再投资。银行储蓄是单利，而将投资分红自动滚入再投资的话，可享受复利。

投资理财五注意

在日常生活中，投资理财要特别注意以下五个方面问题：

银行理财≠储蓄存款

虽然银行理财产品相对股票、基金更为保守（稳健），但本质上是金融投资产品，并不是储蓄存款。即使是保证收益的理财产品，也可能存在市场风险、信用风险和流动性风险。

预期收益≠实际收益

大多数理财产品的收益情况与所投资标的的市场表现挂钩，理财产品说明书上的预期收益通常是预测得出。金融市场变化莫测，理财期满最终实现的收益，很可能与预期收益有偏差。

口头宣传≠合同约定

理财产品的责任和义务在产品购买合同中约定。对自己不完全理解的理财产品，不要光听销售人员的口头宣传，须仔细阅读产品说明书及理财合同的条文，以及咨询相关专业人员。

别人说好≠适合自己

理财产品千差万别，高风险的产品可能带来高回报，会受风险承受能力强的人追捧，但对抗风险能力差的人并不适合。投资者应正确评估自己，选择适合自己的理财产品。

投资理财≠投机发财

投资理财是一种长期的、理性的、专业化的投资行为。不能投资过多集中于单一产品，导致风险过于集中；更不能听信无风险、高收益、“一夜暴富”的神话，导致落入非法金融机构的陷阱而“血本无归”。

网购理财产品应注意啥

银行在淘宝天猫开店，销售投资金品和理财产品；保险公司在网上发起团购……网络理财方式离我们越来越近。专家提醒，网购理财产品是一种新事物，各方面监管还不尽完善。购买时除了要承担传统理财方式的风险外，还要注意一些特有的风险，不能只追求高收益，需看清产品条款，保护好资金安全。

首先，要提防宣传误导。网上销售的理财产品交易更偏重宣传产品的安全性、收益性，往往淡化对风险的提醒，容易对消费者产生误导。投资者自身要加强风险意识，看清楚合同条款和注意事项。

其次，要注意账户资金安全。第三方支付平台的安全性要较银行账户低，被盗的风险相对要大。同时，网上理财的电子凭证一般不是由金融机构直接出具，而是由支付宝等第三方机构出具的电子存款凭证，存在由于网络安全问题造成资金损失的风险。投资者应当提防可能由于网络安全问题造成的资金损失，谨防被“钓鱼”，要注重资金安全性。

再次，要理性控制投资额度。专家建议，投资时应尽量选择短期产品，最好别超过一年；选择的贷款利率要合理，过高的利率回报意味着更高的风险。同时，每次投资金额不宜过大。在选择贷款平台时应尽量考虑有大金融机构背景的网络平台，最好有第三方金融渠道进行监管。

最后，要妥善保留“索赔”单据。针对网上购买保险产品，专家提醒，购买保险涉及日后索赔的问题，所以购买时在网上填写信息，一定要注意区分投保人信息，被保险人信息、联系人信息等，详细注明，同时要确保填写的信息真实有效，这样才能查收到保单，同时发生险情也能及时得到保险赔付。

读懂理财产品说明书

投资者应如何解读理财产品说明书？专家建议，不妨用“一‘率’二‘权’三‘期’法”来阅读。

一“率”：预期年化收益率。“年化”是指持有满一年可达到的收益水平。投资者应了解产品预期收益的计算方法、收益的最好情况和最差表现，并全面了解认购费、管理费、托管费、赎回费等的计算方法，综合判断产品成本的高低。

二“权”：终止权和赎回权。理财产品的提前终止权分为银行和客户有权提前终止两种。大多数产品说明书中会写明银行单方面拥有提前终止权。投资者其实放弃了部分权利，但可因此获得比同类产品高的收益率，高出的部分实际就相当于对放弃部分权利的补偿。极少数产品设计了投资者有权提前终止的条款，但要为此支付一定的费用，收益率自然降低。提前赎回权是投资者拥有的权利，分为可随时赎回、可在规定时间内赎回两种。可提前赎回相当于银行给予投资者一定权利，因此，投资者行使提前赎回权时需支付一定的费用，并不再享受到期保本或保证收益的条款，以此作为享受该权利的代价。如果赎回费用过高，甚至超出投资收益，投资者应慎重考虑是否赎回产品，或咨询有无质押贷款等增值业务。

三“期”：期限、募集期和到期日。期限是产品的收益期，即存续期。募集期是从产品开始认购日到结束认购日。产品结束认购日的次日一般为成立日，也称起息日。认购募集期是理财的一个关键时点。可在临近结束时下单。因为认购募集期内一般不能撤单，投资者可以给自己更多时间来斟酌产品的适合程度，同时进一步观察其投资方向的市场走势。此外，在认购募集期内，本金按活期利息计算，如果金额较大，完全可以先买七天通知存款或几天货币基金，打个时间差，赢得一笔不错的收益。到期日是指产品运行结束的时间点。一般而言，资金可以在到期日之后的两三天内返回投资者账户，银行通常在说明书中以（T+2）或（T+3）标明。因为理财资金在到期日与到账日之间不计息，资金量较大的投资者尤须认真考虑这个因素。

家庭理财的数字定律

4321定律：合理安排家庭收入。收入的40%用于供房及其他项目的投资，30%用于家庭生活开支，20%用于银行存款以备不时之需，10% 用于保险。

72 定律：投资期限心中有数。投资者在不拿回利息、利滚利存款的情况下，本金增值 1 倍所需要的时间等于 72 除以年收益率。例如，如果你目前在银行存款 10 万元，按照目前年利率 3.5%，每年利滚利，约 20.5 年后你的存款会达到 20 万元；假如你的年收益率达到 5%，则实现资产翻倍的时间会缩短为 14.5 年。

80 定律：股票投资年龄做主。在一般情况下，股票占总资产的合理比重为：用 80 减去你的年龄再乘以 100%，即股票占总资产的合理比重 =（80—你的年龄）×100%。例如，30 岁时股票投资额占总资产的合理比例为 50%，50 岁时则占 30% 为宜。

31 定律：房贷数额早预期。家庭每月的房贷还款数额以不超过家庭月总收入的 1/3 为宜，避免因为购房超出自己的经济能力而沦为“房奴”。

双 10 定律：保额保费预先规划。家庭保险设定的恰当额度应为家庭年收入的 10 倍，保费支出的恰当比重应为家庭年收入的 10%。例如，你的家庭年收入为 10 万元，家庭保险费年总支出不超过 1 万元，该保险产品的保额应该达到 100 万元。

理财要遵循的法则

1. 谨慎办理信用卡，关于费用和额度要做到货比三家。

2. 仔细阅读每月的信用卡账单，做到对消费的合理控制。

3. 千万不要糊里糊涂支付信用卡年费。如今，信用卡公司为了招揽客户，很多取消了年费收取这一项。

4. 当你打算出国旅游或者计划购买大单货物时，可以向银行申请增加临时贷款额度。

5. 初学者若想投资股票和基金，可以采用成本平均法，以月为单位进行投资。成本平均法能在价格波动的情况下助你分散投资风险。

6. 学习理财。不要放弃知识的积累。

7. 试一下“30 天戒律”来克制自己的购物冲动。当你想买一件东西而它又不是必需品时，不妨将其记录在纸上，写下日期，并且告诉自己：一个月后我再买吧。事实证明，大多数情况下，你不会再想买它。

8. 上网。许多银行会因为用户在网上支付账单或转账而免去手续费。

9 . 在消费前习惯先问问餐馆、酒店、电影院是否有折扣优惠活动。

父母传给子女的错误理财观

不谈钱。在很多家庭，父母不向子女解释家庭的经济状况，也不告诉他们钱到底有什么用。有些家长甚至告诉孩子，谈钱是一件很粗俗的事。

神奇的信用卡。很多父母在孩子面前使用信用卡，却从来不告诉他们信用卡的工作原理。孩子们看到的是一张能满足自己欲望的神奇的卡片。这难保他们成人后不滥用信用卡。

百依百顺。父母对子女的任何需求都来者不拒，即使在违背自己的消费原则或打乱预算的情况下也不例外。如此被宠坏的孩子长大后就会成为愿望必须瞬间满足的人。如果子女提出的要求不在预算之列，就应该向他们解释“想要”和“需要”的区别，告诉他们应该量入为出，并且学会为特殊的事情攒钱。

在钱的问题上撒谎。有调查发现，有31%的成年人会在钱的问题上对伴侣撒谎。多数人的金钱观都学自父母，如果子女们在钱的问题上没有学会诚实，也一定会影响到他们未来的两性关系。

在玩上面花钱太多。如果一个家庭的欢乐都是建立在电影、晚餐、度假和主题公园上的，子女就会将快乐和消费等同起来。应该举办一些不花钱或花钱少的家庭聚会，让孩子意识到家人共度开心时光比花多少钱更重要。

在零花钱问题上不立规矩。很多家长在孩子的零花钱问题上很宽松，无条件，要就给。如此一来，子女就会认为零花钱的权力全掌握在他们手中，而不会珍惜父母的劳动成果。

金钱的性别分工。如果在一个家庭中，母亲主要负责花钱，父亲负责挣钱，就会让子女认为这就是家庭应有的模式。父母应该向子女解释为什么进行这样的性别分工，子女就不会产生女子不如男子的观念了。

白领理财“六大困扰”

一、不健康的消费。消费不健康代表着家庭的消费支出过多。

建议：一般情况下，消费支出应是家庭收入的50%左右为合理。

二、家庭保障能力不达标。

建议：保险费的支付购买要根据家庭成员的具体情况量体裁衣，应避免重复投保和保费花费过大的问题。

三、财务自由。财务自由的概念是指，即使你不去工作，只靠投资所得的收益就可以应付日常支出。

建议：财务自由对于白领来说有些困难，投资者亟须通过专业的理财指导实现自己的财务自由。

四、投资比率不协调。白领们投资比率较低。

建议：一般来说，25岁以上的人，应该使这一比例保持在50%以上的水平，比如说投资到股票、基金、债券、古董收藏、房地产等，应该占50%以上。也就是说收入的50%来源于资本收入。

五、收入构成不达标。由于收入构成过于单一，尤其是其中的工资收入占比过大，一旦收入来源中断，家庭会因为没有资金来源陷入瘫痪状态。

建议：尝试通过各种途径获得兼职收入、租金收入等其他收入分散自己的家庭收入来源，以增强抗风险能力。

六、资产负债状况不正常。当负债比例过高，每个月需要付出的利息费用就会相应的上升；而过高的负债还会在家庭财务发生紧急情况时带来很大负担。

建议：通过偿还全部或部分贷款的方式，降低目前家庭的负债水平。

正确理财八项思维

检核思维：又称设问思维，就是要根据自己的收入、开支及需求等实际情况，尽可能列出自己所想到的、理财所涉及的全部问题，认真思考并慎重决策。

逆向思维：在理财过程中最难能可贵的是摆脱传统思维定势，独辟蹊径。比如，当大多数人钟情于股市时，我们应该警惕股市泡沫，因为那极有可能是股市下跌的开始；当一个行业成为投资热门时，我们反而应该把有限的资金投向一些冷门行业。

预测思维：任何人都会做预测，关键在于我们的理财行为要建立在对一个投资领域、一条信息尽可能了解的基础上，这样才能使我们对理财后果预测准确，更具针对性和有效性。

互动思维：一条永远不应忘记的金科玉律是集体的智慧高于个人的智慧。在做一项理财行为前，应该征询家人或朋友的意见并得到他们的认可。

多样化思维：采取多种多样的理财手段，会让我们有限的资金有更多的用武之地，而且可以有效地规避风险。

静态思维：市场总是变幻莫测，而我们事实上不可能对所有的市场信息都了如指掌，究竟股价什么时候能全面上扬，商品价格还会降到什么地步，大多数时候我们都是在观望。这个时候我们千万不能着急，最好的办法就是静下心来，静观其变，以不变应万变。

定量思维：虽然贷款消费、超前消费已不再新鲜，但对大多数人来说还是不要赶这个时髦为好。在进行任何一次消费前，最好看一下自己的钱袋，衡量一下自己的家底，给自己留出一定的余地。

时间思维：理财一定要有时间观念，什么时间投资，什么时间进出股市，什么时间存取款，什么时间购买商品，什么时间还贷款，工作后准备多长时间买属于自己的汽车……我们都要精确地计算并用时间来做最后的确定。

工薪阶层　选择哪种养老理财方式

1. 储蓄。储蓄存款的优势在于安全性高，保本保息，1 且变现性强、存取方便，是风险偏好保守型人群养老首选方式。储蓄的缺点是无法抵御通货膨胀，如果家庭金融资产全部是储蓄，长期面临的是购买力下降的货币贬值风险。单纯依靠储蓄养老，无法维持购买力，将来退休生活将大打折扣。

2. 商业养老保险。投保商业养老保险可作为养老金缺口的有效补充，因中途退保会损失，因此商业养老险有强制储蓄的作用。如果选择具有分红功能的商业养老险，其复利增值作用，具有抵御通胀风险的作用。工薪阶层在选择商业养老险时，应同时兼顾意外、健康险等保障类商业保险，抵御人生中各种风险。

3. 基金定投。工薪阶层为储备足够的养老金，可采取长期定投股票型或指数型基金的方式。但因股票型或指数型基金是高风险基金，短期波动的风险较大，尤其对于在阶段性高点开始定投的投资者，在前一两年内可能大幅度亏损，这时有些人会中止定投，这样，实际就影响了理财目标的实现。长期基金定投是取得市场大概的平均收益，特点和优势是平摊风险、积少成多、复利增值，帮助工薪家庭实现长期的养老规划目标。长期基金定投是能抵御通胀的养老方式。

家庭理财方法大全

债券：收益高于同期同档银行存款、风险小；但投资的收益率较低，长期债券的投资风险较大。投资国债是免税理财之一哦！

黄金 / 金币：最值得信任并可长期保存的财富，抵御通货膨胀的最好武器之一，套现方便；但若不形成对冲，物化特征过于明显。

外汇：规避单一货币的贬值和规避汇率波动的贬值风险，交易中获利；但人民币尚未实现自由兑换，普通国民还暂时无法将其作为一种风险对冲工具或风险投资工具来运用。

房地产：规避通货膨胀的风险，利用房产的时间价值和使用价值获利；但也需面临投资风险。

寿险保障型产品：交费少，保障大，但面临中途断保的损失风险。

寿险储蓄型产品：强化避险机制，个性化强；但其预定利率始终与银行利率同沉浮。

家庭财产保险：花较少的钱获得较大的财产保障。

投资联结保险：可能获得高额的投资回报，但有较高的投资风险，前期的投资收益并不高。

人生理财四阶段

1. 成家立业期：结婚10年间是人生转型调适期，此时的理财目标因条件及需求不同而各异，若是双薪无小孩的新婚族，较有投资能力，可试着从事高获利性及低风险的组合投资，或购屋、买车，或自行创业争取贷款，而一般有小孩的家庭就得兼顾子女养育支出，理财也宜采取稳健及寻求高获利性的投资策略。

2. 子女成长中年期：此阶段的理财重点在于子女的教育储备金，因家庭成员增加，生活开销亦渐增，若有扶养父母的责任，则医疗费、保险费的负担亦须衡量，此时因工作经验丰富，收入相对增加，理财投资宜采取组合方式，贷款亦可在还款方式上弹性调节运用。

3. 空巢中老年期：这个阶段因子女多半已各自离巢成家，教育费、生活费已然减少，此时的理财目标是包括医疗、保险项目的退休基金。因面临退休，资金亦已累积一定数目，投资可朝安全性高的保守路线逐渐靠拢，有固定收益的投资还可考虑为退休后的第二事业做准备。

4. 退休老年期：此时应是财务最为宽裕的时期，但休闲、保健费负担较大，享受退休生活的同时，理财更应首先以保本为目的，不宜从事高风险的投资，以免影响健康及生活。退休期有不可规避的“善后”特性，因此财产转移的计划应及早拟定，评估究竟采取赠与还是遗产继承方式更符合需要。

家庭理财五步骤

1. 对家庭目前的财力要有所了解。

2. 制定家庭经济目标。要学会定长期目标和短期目标，比如“在年内还清 10000 元汽车贷款”是短目标，“在 45 岁时，获得 50 万元净资产”是长期目标。

3. 制定财务计划。包括：

现金预算计划。使用现金可以更好地控制开支，不至于像刷卡一样失去控制。

储蓄和投资计划。一般普通人会选择储蓄的积累财富方式，其实，保险一些的储蓄方式还有购买债券、保险和收藏珍贵物品等。至于投资，一定要有较为详细的考察，否则，盲目的投资只能让你的财产受损。

债务计划。要控制债务的数字和借款的成本，这需要你和家人在借债前有个详细的计划，包括未来几年内的收入水平、变动因素、偿还能力。

买房买车计划。如何拥有理想的住房和靓车则应该量力而行，不应该举债太多。如果你可以承受数额较大的月供，就选择一种期限较短的贷款，因为期限越短，你付出的利息总额就越少。

退休计划。为了退休以后可以从容地颐养天年，要求我们年轻时一定要吃些苦，为老来打好基础。

4. 实施财务计划。你已经确定了目的地，那么，就应该毫不犹豫地付诸行动，要实现你的目标，你需要坚持计划并能够不断地调整。

5. 检查财务进展情况。花钱比攒钱容易得多，有时你会不自觉地处于无纪律状态，纠偏行动将把你带回正常轨道。比如，你可以让生活方式有所节制，自己在家做饭，少些不必要的应酬，少借点钱，在财务状况好的时候多存点钱，或者改变你的投资重点，这些调整将有助于你早日实现自己的目标。

理财怎样规避风险

第一，要了解和清点自己的资产和负债。要想合理地支配自己的金钱，首先要做好预算，而预算的前提是要理清自己的资产状况，只有在理性分析过自己的资产状况之后，才能作出符合客观实际的理财计划。要清楚了解自己的资产状况，最简单有效的办法，是要学会记账。

第二，制定合理的个人理财目标。弄清楚自己最终希望达成的目标是什么，然后将这些目标列成一个清单，越详细越好，再对目标按其重要性进行分类，最后将主要精力放在最重要目标的实现中去。

第三，通过储蓄、保险等理财手段先打牢地基。在理财的最初，尤其是对初学理财的年轻人，应以稳健为主。

第四，安全投资，规避风险。在准备投资之前，最好分析一下自己的风险承受能力，认清自己将要做的投资类型，然后根据自身条件进行投资组合，让自己的资产在保证安全的前提下最大限度地发挥保值、增值的效用。

第五，要不断地学习和发现新事物，不断修正改进自己的理财计划，使其日益完善。

怎样按比例理财

一、风险资产投资比例（%）=100—年龄。这是在个人理财领域较为通用的最直观且简单的计算公式，用于测算个人投资股票、基金等风险资产的合适比例。举例而言，如果你的年龄为30岁，自有资产有10万元，那么你可将其中的70%即7万元用于投资股票、基金等。同时，这一投资比例也可根据个人的风险承受能力和风险偏好等，进行10%～20%的调整。

二、应急资金=3～6个月的月支出之和。不管是家庭或个人，除了投资之外都应该预留出一定的应急资金以备不时之需。一般而言，如果有固定收入的人群，可预留下3个月的月支出的量，如果是收入不稳定的人群，则需留下半年支出的资金。

三、除去一、二项的资金后，剩余部分用于储蓄或购买国债。

对于以上的按比例理财方法，每个投资者还应根据个人的实际情况，进行适当的调整。例如，如果未来还有小孩的教育问题，则需减少风险资产的投资比例。

个人理财要避免极端倾向

过度储蓄者的七个特点：1. 过度储蓄；2. 经常用钱消除潜在的恐惧；3. 总是担忧财务状况；4. 向低风险、低回报项目投资；5. 把钱藏在饼干盒、衣袋、抽屉或保险箱里；6. 尽可能地拒绝任何消费，哪怕是必须和合理的；7. 认为所有的投资都会带来无法承受的压力，即便风险很低。

过度消费者的四个特点：1. 喜欢炫耀或追求某种消费模式；2. 不现实的欲望远远超出自己的偿还能力；3. 总是担忧自己的经济状况，以至于影响到工作和人际关系；4. 通过花钱控制紧张、焦虑、烦躁、愤怒、受排挤或孤独。

对以上两种极端心理，专家给出如下一些建议：1. 事先为紧急情况做准备做好财务危机的准备，列出必须消费的清单，并为之留出相应的钱财。你可以把这笔钱投资于低收益、流动性强的证券。2. 确立并优先实现你的财务目标明确一年内的目标、三到五年的目标、五年以上的目标，有效、合理地分配你的可投资资源。每个目标都应进行谨慎地分析与决策。3. 寻找优秀的财务顾问假如你本人不能很好地确立你的目标，很好地分配你的投资资产，就去找优秀的财务计划专家，请他们来帮助你实现愿望。4. 立即行动假如你的目标已经确立，你也对资产进行了有效的分配，你就不要犹豫，开始行动。绝不要推到明天，今天就开始！

老年人理财四忌

忌不设账本。不少老年人存款金额虽不大，但存单张数不少。老年人存款最好要用一个小本本记下存单的明细，如姓名、存入时间、金额、期限、存入机构、密码等，逐张摘录，妥善存放。不识字的老人，存款要能并则并，开成便于记忆的整数存单，或在固定时间到期的几张，总之要简单好记，方便存取。

忌做事马虎，随意乱放。有的人将钞票和存单东掖西藏，夹在书本中，塞在被絮里，或者放在别人想不到的地方，时间一长，极易遗忘，造成不应有的损失。还有的老人喜欢将存单与私章、户口簿、身份证等重要东西放在一起保存，这样很容易被“一锅端”，方便了别人倒霉了自己。这些东西应该分开存放在相对固定保险的地方，经常查看，以免遗忘。

忌贪图小便宜，上当受骗。一些老人喜欢贪好处捡便宜，遇到那些以高息分红、转手获利为诱饵的欺骗伎俩，往往头脑发热而上当。其实，要识破这些鬼花招也不难，只要记住“天上不会掉馅饼”就管用，那些明显高于银行存款利率的好处必有蹊跷。

忌守口如瓶，不讲实情。有的老人吃了亏，怕传出去别人笑话，子女指责、埋怨，因而把苦处闷在心里，这是不明智的。倘若遭遇本来可以及时报案挽回的经济损失，也不吱声，则失去的不但是金钱，还会落下有损身心健康的病根。

养成六种理财习惯

习惯一：记录财务情况。一份好的记录可以使您：1. 衡量所处的经济地位——这是制订一份合理的理财计划的基础。2. 有效地改变现在的理财行为。3. 衡量接近目标所取得的进步。

习惯二：明确价值观和经济目标。了解自己的价值观，可以确立经济目标，使之清楚、明确、真实，并具有一定的可行性。

习惯三：确定净资产。一旦经济记录做好了，那么算出净资产就很容易了，这也是多数理财专家计算财富的方式，只有清楚每年的净资产，才会掌握自己又朝目标前进了多少。

习惯四：了解收入及花销。很少有人清楚自己的钱是怎么花掉的，甚至不清楚自己到底有多少收入。没有这些基本信息，就很难制定预算，并以此合理地安排钱财的使用；搞不清楚什么地方该花钱，也就不能在花费上做出合理的改变。

习惯五：制定预算，并参照实施。通过预算可以在日常花费的点滴中发现到大笔款项的去向。并且，一份具体的预算，对我们实现理财目标很有好处。

习惯六：削减开销。削减开支，节省每一块钱，因为即使很小数目的投资，也可能会带来不小的财富。投资时间越长，复利的作用就越明显。随着时间的推移，储蓄和投资带来的利润更是显而易见。

一生理财规划　四岁不早六十岁不迟

根据美国生涯规划专家雪莉博士在其名著《开创你生涯各阶段的财富策略》中的建议，个人的理财生涯规划应该是：四岁开始不早，六十岁开始也不迟。

4岁至9岁：学习掌握理财的最基本知识。包括消费、储蓄、给予，并进行尝试。

10岁至19岁：学习掌握并开始逐渐养成良好的理财习惯。除了上一阶段的消费、储蓄、给予之外，还增加了学习使用信用卡和借款的课题。

20岁至29岁：建立并实践成人的理财方式。除了消费、储蓄、给予之外，你可能准备购买第一辆汽车、第一所房子。你应该开始把收入的4%节省下来，为养老金投资。如果你已结婚并育有小宝宝，你需要购买人寿保险，并开始为孩子的教育费用进行投资。

30岁至39岁：可能准备购买一套更大的住房、一辆高级轿车与舒适的家具。继续为子女的教育费投资，同时把收入的10%节省下来，为养老金投资。别忘记购买人寿保险，并向孩子传授理财的知识。

40岁至49岁：实行把收入的12%～30%节省下来为养老金投资。你的孩子可能已经进入大学，正在使用你们储蓄的教育费。

50岁至59岁：切实把收入的15%～50%节省下来为养老

金投资。你可能开始更多地关心你的年老父母，开始认真为退休做进一步决策。

60岁之后：向保本项目、收益型和增长型的项目投资。你可能会从事非全日制工作，可能继续寻找学习充实自己的机会。请记住，健康和长寿也是最珍贵的财富。

老人理财要稳健

理财专家提醒广大老年人，投资应以“稳”为主，购买理财产品时，最好选择那些有保本特色的产品。

对老年人来说，储蓄式电子国债是一个比较稳妥的投资方式，比较安全，而且收益率比存定期的收益高。储蓄式国债每年支付一次，而且计算复利后，储蓄式国债比凭证式国债的收益要高。

不同的理财产品所募集资金的投资渠道不一样，收益率、风险均有差异。老年人购买理财产品时不要过分追求高收益率。通常预期收益率越高，风险也越高；老人购买理财产品时，应理解产品募集资金的投资渠道，如果资金用来投资某个有第三方担保的信托计划或投资债券等，风险就较小，收益率也相对较高。

老人购买开放式基金时，首先要选择品牌度高的基金公司，其次是选择基金品种。在开放式基金中，纯股票基金虽可获得高收益，但风险最高，如果基金公司建仓的股票大跌，基金面值也会大幅缩水；货币市场基金流动性好，风险最低，但收益率也最低，年收益率只有 2% 左右；短债基金风险也小，由于投资债券市场，收益率要比货币市场基金高；平衡型基金也就是基金募集的资金一部分投资债券，一部分投资股票，可获得相对较高的收益，但风险相对较高。老人在选择基金时可以进行组合投资，以低风险的产品为主。

现代家庭理财五大危机

其一是收入虽增，支出更大。如今，双薪家庭收入增加，可支配的家庭收入相对较多。但随着消费水平水涨船高，家庭收入虽较丰厚，花费也比以往高出许多。因此，现代家庭常有过度消费情形，反而更难存钱，有时甚至负债消费。

其二是投资虽广，风险也高。现代投资理财工具多样化，包括股票、基金、债券、保险等，各种投资工具的报酬率也比存款高，但若未具备专业知识而盲目理财，其结果不仅白忙一场，还可能赔掉老本。

其三是子女虽少，花费更多。现代家庭普遍只有一个孩子，由于父母十分重视孩子的养育，花在生活上、学习教育上的费用比以前多得多。

其四是借钱虽易，利息剧增。现代人借钱较容易，造成许多人习惯先消费后付款甚至借钱消费，利息负担便成为资产累积的绊脚石。特别是那些借款投资的家庭，一旦投资受损，利滚利可能让你终身负债。

其五是家人虽少，负担反重。传统家庭结构主要是三代同堂，虽然自主性不足，但小夫妻的开销却能大幅降低，而现代夫妻结婚后多自组小家庭，于是购房、育儿等都要自己承担。虽然可享有自由，却也造成经济基础还不稳定的小夫妻多了房租或房贷、保姆费开支等经济负担。

十招防范理财风险

一、理财要区分理性目标与非理性目标，根据银行利率、资金通胀等因素估计出可能的资金收益率，并以此为理财目标，数倍甚至数十倍的收益率显然是非理性的。

二、区分必须实现的和希望实现的，必须实现的是基本保障，但希望实现的不能偏离投资领域的普遍收益率。

三、将目标量化，明确最终要达到的财务目标，可以一定期限的时段进行追踪考察，以及时发现其中的理财陷阱。

四、改善总体的财务状况，把理财收入与日常收入区分开来，不要把精力完全放在现有财产的打理上。

五、短长兼顾，不要把鸡蛋放在同一个篮子里，目标要分层次，短、中、长期的理财产品都有才算合理。

六、目标要逐一实现，分清主次，梯次实现。比如个人购房购车、父母养老、孩子教育、自己养老等阶段性消费目标只能逐步实现。

七、预留备用金，以防范自己或家人可能面临的突发事件。

八、永远不作自己不懂的投资，不了解就意味着要面临风险，而且风险的大小与不了解的程度成正比。

九、匹配产生效益，投入与收入相匹配，计划与家庭情况相匹配。

十、保持灵活性，任何一项理财产品不是一劳永逸可以获利的，个人理财需要保持灵活性，适当调整财务结构可以规避单一选择带来的风险。

基金红利再投资“三注意”

基金红利再投资，是指投资者将基金分红所得的红利，按照权益登记日的净值直接用于申购该基金。理财专家认为，投资者在选择基金红利再投资时一定要看市场环境，注意以下几个方面：

首先，弱市最好不要选择基金红利再投资。在市场走强时，投资者将基金分得的红利直接转投为基金份额，使投资者在牛市行情中保持较多的基金份额，从而分享牛市行情带来的资本增值。但是，在当前市场走弱时，投资者最好选择基金现金分红方式。

其次，红利再投资适合长期投资。基金红利再投资能使投资收益发挥“复利”效应，因此，对于子女教育、养老保障等生活所需的长期资金，投资者可以选择红利再投资方式。

最后，稳健成长型基金适合红利再投资。不同的基金产品具有不同的风险收益特征，基金管理人也会采取不同的投资策略和收益分配方式。

因此，投资者在选择基金红利再投资时，可以参考基金的历史业绩，应选择业绩优异、风格稳健、具有较强分红预期的基金。

基金定投三大纪律

纪律一是坚持。“不抛弃、不放弃”，意思是：在遇到困难时要勇于坚持。在因市场下跌而导致基金净值下跌时，投资者不要停止定投操作。因为，如果无法在低位买到更多份额的基金，就无法摊薄成本，自然难以有好的回报。

纪律二是不追涨杀跌。基金定投的成功关键是减少剧烈波动带来的影响。无论市场上升还是下跌，总是投入一定的金额，这种方式就可以将投资成本平均分布。有的基民看到定投的基金表现不错，就加大投入，或在基金表现不佳时就减少定投，实际上都是追涨杀跌的表现。

纪律三是量力而为。基金定投一定要做到财务轻松、没有负担。投资者要分析自己的收支状况，计算出富余资金。基金定投是一种长期投资方式，如果对未来资金流的估计不足，可能造成基金定投中断，这和定投的初衷是不符的。

基金投资要三“心”二“意”

首先，投资人要有“信心”：相信景气虽有周期和循环，但是股市长期趋势向上；其次，投资人要有“恒心”：持之以恒定期定额扣款，在低档多累积份额，不中断投资，最终必有所获；投资人还要有“耐心”：沉稳以对，耐心等待行情来临，你会发现时间是投资人最好的朋友。

此外，投资人“意图要明确”：投资绝非漫无目的或是一时兴起，而应有明确的目标和步骤，才能事半功倍、进退自如。举例而言，若投资人预计以20年定期定额投资基金，作退休金的储蓄规划，就无须担心短线的市场波动，反而应在股市回档时加码投资。

投资人“意志要坚定”：切勿因短线市场波动或是情绪性因素，而破坏自己原先设定好的投资计划。俗话说“知易行难”，在金融市场尤其如此，所以投资人必须坚定地执行投资计划，向理财目标迈进。

买保本基金“四注意”

第一，保本范围有差别。虽然同为保本基金，但各产品保本范围其实并不一致，如有些仅对认购净金额实行保本，有些则除了认购净金额外还对认购费用实行保本，后者保本范围更广。

第二，实现保本有要求。保本基金只对在募集期内认购，并且持有保本周期到期的基金资产提供保本承诺。如果投资者中途因急需资金赎回基金，投资本金是享受不到保本的。

第三，超额收益有差距。虽然保本基金都能实现到期保本，但各产品超额收益却差距较大。一般而言，保本基金的超额收益主要取决于风险资产乘数及运作收益，因此，投资者在选择保本基金时一方面要关注保本基金风险资产乘数，另一方面要关注基金公司主动投资能力。

第四，净值波动不必慌。当保本基金的风险资产价格出现大幅下跌时，其区间收益率也可能为负值。但是，只要是严格按照保本基金风控要求操作，再加上实力雄厚的担保人，保本基金在到期时仍能获得保本，投资者面对净值波动不必惊慌。

由于保本基金是属于低风险产品，对于三类人群来说是比较不错的选择：一是不希望承担大的风险，通过保本基金能够跑赢CPI、跑赢存款利息的投资者；二是资产配置能力弱的投资者；三是中老年投资者。

投资基金应避免多动症

专业人士指出，在基金投资中，涨的时候人们想追加投资，以获取更多利润；跌的时候，总有人忙着退出市场以减少亏损。

这种“追涨杀跌”的做法会增加投资成本，也会增加失败的概率，比如说踏空或套牢。所以，投资者尤其是入门者应当尽量避免“多动症”。

在选择基金的策略上，买不同风格的基金，选择不同公司的基金所获得的收益率相差也会很大。在不同风格和类型的基金投资组合中，投资者有必要了解不同基金的投资方向和运作方式，进行合理规划和组合投资。

指数基金要谨慎选择。指数基金在前两年收益相当好，收益率排名很靠前。但是，投资者有必要知道指数基金的一些“缺点”，比如指数基金的投资标的是股票指数，只有指数上涨时才会获利，振荡市场和下跌市场都不会获利。

选择股票型基金要有“品牌”意识。选择股票基金的方式有两种。一种是相信一些基金公司良好的管理能力和优秀的市场品牌。另外一种就是认真研究某一只基金的持仓，认为他们的持仓将会是今后的市场热点，从而给参与者带来利润。前一种方法比较简单，后一种方法需要对市场有一定的了解。

如何低成本购买基金

1. 利用牛市中的震荡机会，捕捉投资机遇。股市出现震荡，基金净值下跌，此时正是中长期投资者最佳的投资机会。

2. 利用基金定投的思路连续追踪一只绩优基金，可以有效摊低购买基金的成本。投资者可以将本打算一次性投入的资金分成几部分，在基金净值产生波动的时候，连续购买以摊低投资的成本。

3. 分析不同购买渠道的价差，尽量降低购买成本。相对于证券市场的股票交易手续费来讲，基金的交易费率较高是显而易见的。不同基金管理人会根据不同的营销渠道及所提供的服务要求的不同，而制定相应的费率优惠措施。由于网上服务成本较低，基民可考虑通过网上购买基金。

4. 巧用基金分红进行再投资。为了鼓励投资者进行中长期的基金投资，基金管理人会推出一定的投资费率减免措施，打算继续投资的基民可考虑通过此种方法降低投资成本。

如何应对基金净值缩水

第一，基金净值缩水是一种正常的现象。即使市场没有出现整体下跌行情，基金管理人在管理和运作基金过程中也会出现因组合产品搭配不当或是选择资产品种不力，造成基金缩水。特别是投资股票型基金的投资者，更应具备这种思想准备。

第二，及时修正自身的投资计划和收益预期。投资者在投资时，应当充分考虑到基金净值涨跌的变化规律，做到跟随净值变化不断调整相应的投资对策，如在面临基金净值缩水，可以适度降低基金的收益预期，同时，拉长基金的投资周期，从而寻求基金投资中的平衡。

第三，淡化对股票型基金的关注。对于投资者来讲，当面临基金净值缩水时，可以采取一定的投资策略来回避基金短期净值下跌带来的风险。比如，选择在同一家基金管理公司之间进行基金产品的转换，或者是直接选择赎回。但这种策略在短期来看似乎是有效的，但从长期来看，往往会出现刚将股票型基金赎回，净值又上了一个新的台阶。因此，与其采取积极的调整策略，还不如淡化处理，将注意力集中在债券型基金和货币市场基金上，并选择基金净值的低点，将债券型基金或货币市场基金赎回后主动介入。

第四，战略上建仓基金，战术上做投资调整。投资者只要看好证券市场的长期发展，并认同基金管理人的品牌和信誉，肯定其优秀的管理和运作基金的能力，那么在任何时候均是购买股票型基金的良好时机。为了避免基金净值缩水造成的心理不适，投资者在进行基金产品的选择和投资时，一开始就应当采取定期定额投资法，而不是采取一次性投资法。

投资“定投”基金须过四关

基金的定期定额投资是一种相当长期限的理财方式。在相对漫长的定投期间，投资者要经过至少四重考验：

一、耐心关。在部分时段中，投资者的投资回报是负值。在可能长达数年的时间里坚持定期定额地投资基金，考验更多的是投资者的耐心和自制力。

二、解套关。当指数开始攀升，投资者小有获利。多年被套、不见利润的投资者的投资决心开始动摇，是否在没有亏损或者小有盈利时便赎回基金也是一种考验。

三、知足关。在股市指数飙升之时，投资者的付出得到了回报，基金市值会比当初投入的本金高许多，获利的程度远远超出当初的预期。此时，有许多人认为挣得差不多了，会放弃投资；也有在股票市场发生风吹草动时，投资者想躲避一时风险而放弃了几十年的规划。

四、胆怯关。大盘下跌之时，基金的市值也会下跌，投资者的资产就会缩水。很多投资者可能因承受不住而打算停止定投。

理财专家提醒，股票市场波动是有周期的，投资者在经历四道关后，就必然再从头历练一次，如此反复。投资越到后来，随着本金的增加，市场的每一次波动都会给投资者账面带来巨大的盈利或亏损。只要投资规划方向正确，能够在市场的波动中坚持下来的，将是投资的胜利者。

怎样投资封闭式基金

首先，长期持有封闭式基金。

我们首先建议投资者长期持有封闭式基金的原因在于，封闭式基金份额的相对固定所带来的投资优势，可以更好地贯彻价值投资的理念，投资于一些未来具有较高增长潜力的公司和行业，可以在股票市场一路上行的阶段，保持较高的股票仓位，从而获取更高收益。

其次，对于一些希望在二级市场上获取资本利得的投资者，有以下几种策略可供选择。

关注业绩较好的基金。有业绩支撑的基金，当然比较受到资金的关注，从而可能获得较大的升值。

关注严重超跌的基金。这类基金价格严重背离价值，有强烈的补涨要求。

关注小流通份额基金。资金炒作小盘基金是封闭式基金板块长盛不衰的一个规律。

关注高折价的基金。折价率较高的基金比折价率低的基金更有投资价值，折价率越大的基金，价值回归的空间也越大。

关注基金中的龙头品种。龙头基金的行情持续时间比其他基金长，获利比较丰厚。

适当关注封闭式基金的分红潜力。近年封闭式基金收益能力全面提高，带来基金分红潜力大增，而且基金公司纷纷对封闭式基金进行年中分红，因此，对于单位净值较高的基金值得重点关注。

关注受大型主流资金青睐的基金。由于股市行情存在一些不确定因素，大型主流资金将目光转移到不受投资大众重视的封闭式基金身上，对于一些成交量放大，大资金介入明显的基金，投资者也可特别关注。

九种基金要慎买

1. 基金管理公司多次被管理部门通报批评或问责的。

2. 基金公司旗下大部分基金累计净值增长率低于市场平均水准的。

3. 基金公司旗下同类基金收益率落差过大的。

4. 基金公司网站连个团队简介都没有的。

5. 旗下基金品种不全甚至只有一支基金的。

6. 在路演中或其他公开场合基金经理有英雄主义倾向的。

7. 在某一个市场正常阶段，基金净值突然大幅度震荡的。

8. 基金表现多次弱于市场的。

9. 公司发生重大变故不及时向投资者做出说明的。

选择基金可参考五项指标

第一，看基金的成长性。作为公募基金，考核其成长性的主要是相对指标，也就是基金业绩和比较基准的误差。一般来说，如果基金业绩大幅度低于比较基准，肯定不是好的基金。如果一个基金 3 年业绩都保持同类基金排名的前 25%，一般就被认为是好基金。

第二，看基金的稳定性。评价指标主要有：标准差，它代表基金过去一段时间表现的稳定程度，标准差数字越低，基金绩效的稳定程度就越高，越值得信赖；表示基金业绩波动的指数，如果这一数值大于 1，则基金风险大于市场总体风险，反之则小于市场总体风险；代表单位风险所带来的超额收益的夏普指数，如果夏普指数为零，则基金每一份风险所带来的收益和银行定期存款相同，夏普指数大于零，则表示收益优于银行定期存款。

第三，看基金的流动性。主要是分析基金所持有的证券的流动性。如果基金所投资的股票每天的成交量都很活跃，很稳定，说明该基金的流动性比较好，反之则较差。

第四，看基金的换手率。因为基金的交易成本是从基金净值中提取，换手率越高则交易成本也越高。

第五，分析基金投资标的的盈利能力。一般来说，如果基金持有的股票主营业务突出、治理结构稳健、公司成长性较好，则基金的净值会比较稳定，投资价值也较高。

如何读懂基金季报

一看基金份额变化。基金季报会披露“期末基金份额总额”的数据。基金规模过大或者规模过小，对基金的投资组合流动性、投资风格、投资难度等都会存在不利影响，百亿元以上的“航母”或者 2 亿元左右的“微型基金”，都值得我们警惕。同时，我们还应关注“基金份额变化”。大规模的申购与赎回，肯定会使基金经理由于资金的压力而调整基金仓位，影响投资回报。

二看基金仓位变化。基金季报还要注意基金的仓位变化。因为，基金仓位的变化直接反映出基金经理们对下一季度行情的看法。一般而言，基金仓位越重或加仓幅度越大，越意味着基金经理对短期行情很乐观。

需要注意的是，如果所持有基金的仓位比同类型基金的仓位偏离很多，要警惕基金经理的投资风格是否过于“特立独行”，如果仓位明显高出其他同类型基金仓位很多，说明这只基金是在用高风险博取高收益。

三看基金投资组合。基金季报中还会披露“十大重仓股明细”，这也是考察基金投资风格和选股思路的重要依据。

此外，还可以看基金的“持股延续性”。如果十大重仓股每一季都是新面孔，说明基金调仓比较频繁，基金经理相对比较偏好短线操作。

当然，需要提醒的是，读基金的季报不能光看披露的数据，毕竟季报中的数据只截止到上个季度的最后一天，公告时间与投资组合时间本来就存在 20 天左右的时间差。就在这 20 天内，说不定基金经理早已经“暗度陈仓”。

运用“四四三三法则”精挑基金“绩优生”

“四四三三法则”的根本原理就是用时间来检验基金绩效：先考察基金较长期间（包括一年、两年、三年、五年及自今年以来）的表现，挑选出一些长期绩效不错的基金，再考察这些长期绩效不错的基金近几个月的表现，从中挑选出短期攻击力也不弱的基金，通过如此层层关卡之后，就可以挑选出长短期表现均不错的优质基金。

具体来看，“四四三三法则”中的第一个“四”是指，一年期绩效排名在同类型基金前四分之一；第二个“四”是指从第一关（一年期绩效）筛选出的基金中，再选出两年、三年、五年及自今年以来绩效排名同样在同类型基金前四分之一者；第一个“三”是指近六个月绩效排名在同类型基金的前三分之一者；第二个“三”则是近三个月绩效排名在同类型基金的前三分之一者。

基金投资妙用现金分红

分红方式特点鲜明。基金在取得投资收益后，一般会以两种方式分配给基金投资者，即现金分红或红利再投资。这两种分红方式在分红时实际分得的收益是完全相等的。但在实际操作中，选择红利再投资，可以将分红资金转成相应的基金份额记入基金账户，并免收这部分再投资的申购费用。投资者选择现金分红后，基金的红利将以现金方式直接划入对应的基金账户，这部分分红利按规定享受免税政策。

适合部分特定人群。哪些人或者哪些情况可以选择现金分红呢？具体看，有定期的现金需求或者暂时不看好后市的投资者比较适合这种分红方式。这些人应该考虑适当选择基金的现金分红方式，因为兑现的投资收益除了可以留作生活开支，还可以暂时存到银行作为下次投资其他基金的储备金。此外，如果投资者判断当前投资风险过大，市场会面临大幅下跌，则除了减轻投资基金的仓位之外，也应该暂时选择现金分红方式，避免在高净值状态下分得过少的红利基金份额。

注意细节避免失算。理财人士提醒，在选择现金分红时，还需要注意一些细节：比如现金分红到账的时间要晚于红利再投资的份额到账时间，投资者在计划使用这笔资金时要注意到账日期；再有，投资者还必须实际计算一下每次现金分红的具体金额，因为如果基金分红比例不高，分红到手的钱很可能只是“杯水车薪”，到头来还不如分红再投资来得轻松自在。

老年人不妨买点债券型基金

专家提示，老年人为了避开高风险的投资，不妨适当选一点债券型基金为好。

证券投资基金按照其投资对象的不同，可区分为股票型基金（重点投资于股票）、混合型基金（部分投资于股票，部分投资于债券）、债券型基金（重点投资于国债、金融债券、企业债券等）、货币市场基金（重点投资于央行票据、商业本票、银行承兑汇票等票据）。基金的风险性和收益性由低到高排列为：货币市场基金，债券型基金，混合型基金，股票型基金。

债券型基金是一种固定收益率产品，具有风险低、收益稳定的特点。目前我国市场上发行的债券型基金已达 22 只，总规模 180 多亿元。有数据显示，自 2003 年至 2006 年的四年时间内，其业绩表现较为稳健。2006 年，债券型基金实现了 20.92% 的年平均净值增长率，虽然无法与股票型基金的收益相比，却是银行储蓄和国债收益的数倍。

基金持有期多久为宜

1. 确定资金的投资期限。若投入的资金在一段时间后要赎回，建议至少半年之前就关注市场时点以寻找最佳的赎回时机，或先转进风险较低的货币基金或债券基金。

2. 弄清楚个人理财目标后再赎回。如果投资者因市场一时的波动而冲动赎回，赎回后的资金却不知如何运用，只能放在银行里而失去股市持续上涨带来的机会。

3. 调整对投资回报的预期。目前市场已渐入微利时代，基金的投资回报应属不错的表现，获利赎回点可以此为标准设定。

4. 获利了结时可考虑分批赎回或转换至固定收益型基金。如急需用钱，市场已处于高位，不必一次性赎回所有基金，可先赎回一部分取得现金，其余部分可以等形势明朗后再作决定。如果不急需用钱，可以先将股票基金转到风险较低的货币市场基金或债券基金作暂时停留，等到出现更好的投资机会再转回股票基金。

货币市场基金与国债的区别

货币市场基金，是指投资于货币市场的投资基金。从安全性上看，它与国债一样，都可以称为“高度安全稳定”的理财品种。

从收益性上看，货币市场基金的组合决定了它的收益不会低于短期国债，如发生通货膨胀或国家提高利率的时候，长期国债只能获得票面上的利率，而货币市场基金可以根据物价和利率的走势及时调整，提高收益，抵消不利因素的影响。

从流动性方面看，国债一般要持有到期，如果中途卖出，投资者就享受不到票面利率，还要交一定比例的手续费。货币市场基金则具有很强的流动性，投资者有需要便可随时兑现。

买保本基金要四看

一看保本周期。投资者只有在认购期购买并持有到期，才能享有保本条款承诺的权利。现今国内保本基金的保本周期都为三年。

二看保本机制。保本基金的投资通常分为保本资产和收益资产两部分。为实现到期日保证金额的保本资产部分采取“消极投资”，通常投资于零息债券等政府债券、信用等级较高的债券或大额定期存单。收益资产部分则进行“积极投资”，投向股票或期权、期货等金融衍生工具。因为保本基金中债券的比例较高，其收益上升空间有一定限制。保本资产部分越大，积极投资部分比重越小，额外收益的空间也越小。

三看保证人信用。保本基金都引入了相关单位作为基金到期承诺保本的保证人。保证人的实力大小不仅说明了基金公司的实力大小，同时对于投资人来说心里也更“定心”。

四看保本费用。保本基金的开销中存在支付给担保人的保证费用。投资者在投资前一定要问清楚，究竟是由基金资产支付还是由基金管理人自行支付。

哪种基金适合您

开放式基金主要包括：股票型基金、债券型基金、货币市场基金。

股票型基金。股票型基金投资主要目标是国内上市公司的股票。股票市场存在一定的风险性，因此股票型基金的收益对股票市场有较强的依赖性，具有较大的不确定性。目标投资者：对股市有初步的了解，追求较高收益的投资者。

债券型基金。债券型基金主要投资于债券市场，分纯债券型基金和偏债券型基金，两者有区别，投资者在介入时应仔细辨别。目标投资者：对债券市场有初步的了解，追求低风险的投资者。

货币市场基金。货币市场基金是一种投资于固定收益产品的开放式基金，主要投资标的为短期债券、央行票据、回购协议、同业存款等短期资金市场金融工具。相对于股票型基金和债券型基金而言，货币市场基金是一种流动性强，本金安全的投资产品。目标投资者：对资金流动性要求较高，追求低风险的投资者。

职场知识

职场新人学会手机礼仪

初入职场的新人，在享受手机便利的同时，有没有意识到要遵守一些手机礼仪呢?

手机放哪儿有讲究。作为初入职场的新人，很多人习惯于把手机随意摆放。但在公共场合手机的摆放是很有讲究的，手机在不使用的时候，可以放在口袋里，也可以放在书包里，但要保证随时可以拿出来。在与别人面对面时，最好不要把手机放在手里，也不要对着别人放置，这都会让对方感觉不舒服。而对于职场人士来说，最好也不要把手机挂在脖子上，这会让人觉得很不专业。

接听手机勿扰他人。在公共场合接听手机时一定要注意不要影响他人。有时办公室因为人多，原本就很杂乱，如果再大声接电话，往往就会让环境变得很糟糕。作为职场新人，在没有熟悉环境之前，可以先去办公室外接电话，以免影响他人，特别是一些私人的通话更应注意。

打电话前考虑对方。在给自己重要的客户打手机前，首先应该想到他是否方便接听你的电话，如果他正处在一个不方便和你说话的环境，那么你们的沟通效果肯定会大打折扣，因此这是职场新人必须要学会的一课。最简单的一点，就是在接通电话后，先问问对方是否方便讲话。平时要主动了解客户的作息时间，有些客户会在固定时间召开会议，这个时间一般不要去打扰对方。

职场新人的生存技巧

提前到达办公室。早到办公室可以让你不必太慌乱，你可以安心地用这段时间检查邮件，或是仔细想想今天的工作安排。最重要的是，这会给别人留下好印象。

尽快融入团队。主动与团队中的其他成员交流，可以让你尽快了解到工作的主要内容，并学到一些工作好方法。当然，这只是最基本的层次，如果你想要更加愉快地工作，不妨尝试在团队中交朋友。

注意行为举止。要认真对待周围的每个人，避免在不经意间给别人留下不好的印象。在单位里不要埋头走路，遇到其他人时，不妨微笑着打个招呼，时间长了就会彼此认识。要注意观察一下周围人和领导的穿着打扮，最好与其他人穿着的风格保持一致。

制订好计划。当你得到工作任务时，不妨自己先制订一个计划，然后与领导或同事多沟通，听听他们的建议。这样能让你的工作循序渐进，有条不紊。除了工作计划之外，还要给自己制订好个人职业发展规划。近期的可以考虑多长时间掌握业务知识、多长时间能够独立开展工作等；远期则可以考虑自己未来的定位等。

过好职场“第一小时”

刚上班第一个小时究竟该干什么，才能更好地提高工作效率？

解决难度最大的工作。如果先完成最难的任务，那么一天下来，其他事情就是小菜一碟。

列个工作日程。美国广告巨头西蒙·雷诺士会列出工作日程，将最重要的工作用彩色标出。要亲自完成所有任务很不现实，因此要挑最重要的去做。

阅读年度目标。每天早上阅读年度目标非常重要。做不到这一点，就很容易成为“急事的奴隶”。

积极地自我暗示。“想象自己处于最佳工作状态”的自我暗示非常关键。心理学研究表明，积极的设想和憧憬有助于提高工作效率。

做客户服务工作。客户服务或许是和之前的项目合伙人保持联系，向导师请教问题，或仅仅只是与那些有可能成为潜在合作者的联系人，进行关系维护。将这样的客户服务作为你每天都要做的事，会让你在有需要时，拥有更可靠的求助资源。

用时间管理战胜职场焦虑

工作忙不完、家里事情多、电话不停响、心里扑通跳……我们每个人可能都体会过焦虑的滋味。专家结合多种时间管理妙招，给出战胜焦虑的最新建议。

先把任务分类。先按紧急、重要两个标准将工作进行分类。然后，优先做“紧急又重要”的事，快速完成“紧急不重要”的事；至于“不紧急不重要”的事，可千万别耽误太久。

提前完成多半任务。把时间分成两半，在前一半时间里快马加鞭，尽量完成一多半任务。接下来的时间，你会轻松很多。这叫“前半主义”法。

睡前给第二天“预热”。如果事务繁杂，晚上睡觉前可以把第二天要做的事情提前归纳一下，做到心中有数，会让你得心应手、不慌不乱。

提前开始。日本时间管理专家高井伸夫发现，早上 1 小时的效率，能抵下午 3 个小时。因此，提前 1 小时开始工作，能让人减轻不少压力。

用零碎时间做小事。等人、开会前这种琐碎的时间，不妨做些小事，比如订东西、写便条等，不知不觉事情就少了。

果断排除干扰。很少有人能从头到尾、不受干扰地做完一件事。遇到“突发事件”，比如临时任务等，除非十万火急，最好坚持自己的节奏，忙完一件再做下一件事。

准备时间不能省。很多人为了节省时间，往往“矫枉过正”，拿到任务就开始，结果找不到头绪、手忙脚乱。其实，充分的准备能帮你找到最佳办法，让你有的放矢。

吃好睡好，增强抗压性。如果把人的抗压能力比做一个杯子，当压力源源不断注入时，保持良好的饮食、睡眠、运动习惯，能让杯子的容量增大，心理学称为“杯子理论”。

职场女性应向男同事学习的六点

1. 直接要求。女性通常害怕遭到拒绝，所以很难说出自己心里真正的要求。这一点女性要向男同事学习，直截了当，有话就说，因为没有谁喜欢揣摩你的心思。

2. 勇敢行事。男性从小就被鼓励做事要勇敢，要勇于表达自己的看法。女性则尽管做了充分准备，却常常在关键时刻退缩不前。要学习男同事的勇敢，让自己站上舞台，展示实力。

3. 掌握表达的技巧。要让上司在有限的时间里专心倾听，你的报告必须简短有力。女性往往会不自觉地模糊重点，加上冗长的解释，让听众丧失耐心。要向男同事学习如何自信地传达自己的想法。

4. 主动出击。男性惯于主导职场环境，一有机会便很自然地推荐自己。而女性比较习惯默默耕耘，等待上司的赏识。要主动让上司看到你在做什么，同时注意与其他部门建立联系。

5. 随时准备接受新挑战。多数女性在面对新工作时总会担心是否胜任，会顾虑很多，压力随之而来。男性面对相同的问题时，则常常会很乐观地接受，虽然他也不知道该怎么做，却对自己充满了信心。

6. 接受风险。女性常常为了安全感，保守地待在原地，从而很少有进步。要学习男同事去接受风险，不必害怕改变。

职场忌讳的几句话

一、“好，没有问题！”

通常情况下，我们中国人喜欢在上司安排任务时说“好的，没问题”，以表现自己很有能力。但最后发现自己其实是做不了的。

职场法则：如果这个工作超出了你的能力，那么你就要诚实地告诉他。老板并不会因此对你印象不好，相反，你做不了再来告诉老板，老板往往会感觉你很不可靠。

二、“这不是我的错！”

在职场上难免犯错，老板和上司也肯定要找你询问事情的过程。通常我们为了不把责任放到自己身上，便会说这不是我的错，把责任推向同事。

职场法则：老板会欣赏勇于承担责任的人。

三、“那不是我的工作。”

通常情况下，我们是很鼓励乐于助人的。比如帮助别人解决工作上的困难或者是帮助新人培训等。但是当有些人问到一些事情是我们不能解决的时候，千万不要说“那不是我的工作”。

职场法则：当别人求助于你时，你应该好好利用这个机会来表现自己。这样，你的工作、人际关系也会慢慢变好。

四、“……坦白说……”

当你说这句话的时候，听话的对方会觉得你接下来要讲到的才是真心话。其他时候不说这句话，可能都是假话。

职场法则：有事直接说，别拐弯抹角。

五、“别告诉他我说过……”

既然你说出来了，你就不要再给对方附加任何的条件。

职场法则：如果你不想让别人知道这件事情，你就不要对任何人说，就当是个秘密，不要告诉了别人之后，又让别人也承担起你的责任，帮你保密。

职场需要充电的信号

一、 感觉自己的职业没意思。如今竞争激烈的职场生存环境中，找一份自己喜爱的工作很难。我们所能做的就是“干一行爱一行”，尽量达到谋生和人生追求的和谐统一，否则眼高手低，可能会耽误了一生。如果你觉得目前的工作很没意思，但一时还没能找到合适的方向，不妨先做继续深入的打算，利用充电的机会充实自己，同时提高未来发展的“含金量”。

二、 工作中出现“不明飞行物”。信息时代的知识呈膨胀性扩展趋势，如果不及时更新知识，很容易被淘汰。你是否经常被这种出现在工作中的“不明飞行物”弄得尴尬或紧张？这预示着是到了用学习来补充能量的时候了。

三、 处于职业停滞期。人在其职业的某个阶段会出现所谓的“停滞”期：总是在做着以前做过的事情，重复多于创新，或者很难再在公司有更大的作为……这些情况是一个信号，一旦出现说明你需要充电了。

四、 职场之路过于顺利。完全能够胜任工作，领导也比较器重，工作顺风顺水……这种情况在眼下看来是再好不过，可安于现状而放弃学习提升的机会，实在是短视的不明智之举。单一型人才转成“复合型人才”是知识经济时代人才发展的大势所趋。实施技能储备，使价值“保鲜”是关键。

职场树立好形象八招

当早起的鸟。在入职的最初几周，每天提前到办公室，你可以有更充裕的时间办理诸多入职手续，也能有更多时间探究和了解新的工作环境。当然，这也有助于给新上司留下你热心于工作的印象。

多问问题。如果在某件事上需要帮助，应该毫不犹豫地向周围的人求助。这会帮助你快速适应新环境。

留意身体语言。没精打采、皱眉、把手叠在一起、在椅子上前后晃动以及不停地抖动腿，这些姿态可能给人留下你紧张、缺乏自信或对工作漫不经心的印象。你应该保持微笑，不要显得紧张或不安。

乐于倾听。在入职之初，要多听少说。倾听和观察有助于你更多地了解同事和上司以及他们做事的方式。你或许还会无意中听到一些办公室的闲言碎语，请努力不要让自己卷入办公室政治。

抱学习心态。一旦进入新的工作场所，就要做好接受新的企业文化和不同的做事方式以及承担新责任的准备。

适应新公司。了解自己所就职公司的使命及核心价值观，并使自己的目标和期望与其相一致。花些时间去看看公司网站上的“公司简介”或许能有所帮助。

结交朋友。在喝茶、用自助午餐或去饮水机旁接水时就可顺带着把自己介绍给公司同仁。你这样主动搭讪，别人会感觉良好。

与上司搞好关系。要搞清楚你应扮演的角色和你对新工作的期待。与上司讨论在工作中要做什么、不要做什么，包括一些基本事项，如上司希望你何时到岗，以及希望你多长时间向他汇报一次工作进展等。

职场八大“人气杀手”

职业心理学专家表示，职场是否成功，85%的因素在于是否有良好的人际关系。以下8种不良心理可能演变成“人气杀手”。

一、自我。有些人为了让自己的利益最大化，不惜打小报告、给别人的业务使坏甚至中伤他人的名誉。“自我为中心”会因为损害他人的利益和尊严为职场不容。

二、多疑。“老板今天的黑脸肯定是针对我的，怎么办？”有些人的神经非常敏感，对什么事都表示怀疑。这种人往往是自身缺乏安全感。他们使交往变得毫无自然轻松之感，久而久之会让人敬而远之。

三、虚伪。有的人擅长说甜言蜜语，刚开始还能让人接受。但时间一长，不仅交不到真朋友，自己的心理也会备受压抑。

四、冷漠。冷漠的人失去了认识别人的机会，也失去了让别人了解自己的机会。

五、封闭。如果过于封闭，会变得孤单甚至自闭。知识、经验以及思维方式都会迅速老化，失去竞争力和吸引力。

六、 叛逆。如果过分反叛，为了标新立异故意与人抬杠，则很难融入团体。

七、 嫉妒。嫉妒是否会给人际关系带来致命影响，在于这种心理是不是表现在行为当中。要是只在心里想想，是人之常情。要是发展到加害、中伤他人，那么就可能成为“过街老鼠”。

八、自卑。现代都市生活追求效率，自卑的人在这种环境中，缺乏交往技巧，没有主见，往往失去许多展现自己优势的机会。

五招告别职场抑郁

一、 紧急降温。停下来，深呼吸，给自己 10 秒钟冷静下来，也许你会发现怒气来得这样快，只因为自己想要借机发泄情绪。不要只为一时口快而陷入一场唇枪舌剑。

二、 保持心情舒畅。面对一桌子需要处理的文件，你四肢麻木，大脑呆滞。也许你应该好好放松一下，消除工作倦怠。

三、 加强信心。聪明、能干的你，一旦被授予重职，反而变得毫无自信，觉得不能胜任。这样的人患有“事业恐高症”，需要加强信心，步向成功。

四、 劳逸结合。停下工作就会觉得焦虑不安。你需要停下来为健康好好打算一下了，劳逸结合才是保持良好工作状态的好方法。

五、 跟不可救药的工作告别。每天八小时工作后的心情如何？总是怨天尤人，恼怒不安。这可能连带影响你的家人的情绪。是否考虑重拾心情，再次找寻能让你快乐的新工作。

职场员工252偷闲法

第一个“2”，即每天早晨花2分钟计划上午的事情。上班后不必急着打开电脑，而最好抽出2分钟的时间把一上午要做的工作写到便签上，然后把它放在你一眼就能看见的地方，如贴在电脑屏幕上方。这样做能让你把工作具象化，而且有助于理清思路，不盲目地抓东抓西。心中有数，自然不再感到慌乱了。

第二个“5”，即午饭后午休5分钟。不要一边工作一边吃饭，也别匆匆扒几口饭就急着工作。吃完午饭后，不妨闭上眼睛，找一个舒服的姿势，感受自己的每一次呼吸，任由思绪天马行空。这会让你紧绷了一上午的大脑得到放松，同时吃饱了饭，大脑获得充分的养料，再加上短暂的休息，能让你轻松迎接下午的工作。

第三个“2”，即花2分钟计划下午的工作。与上一个2分钟不同，这次主要是查漏补缺，看看上午还有哪些工作没有做完，就把它作为下午工作的重点。下午不适合做太有挑战性的工作，如果做些补充性的事情，能让你一天的工作更完整，同时也更容易让你产生成就感。

职场如何保持好心态

要诀一：不负气工作。

工作上难免会有不开心，如果把不开心藏在心里并负气工作，就是一种不健康的表现。一个成熟的人在任何情况下都应该保持平和的心态，将工作看成是人生的一部分而非全部，那么一切背负的压力就会减少。

要诀二：不在埋怨中度日。

埋怨会让当事人不知不觉沉浸在受伤害的气氛中，并积累心中的不快。所以不让埋怨主导我们的生活，最好的办法就是少埋怨，多想快乐的事。

要诀三：控制情绪。

身在职场，如果以“快乐工作”为前提，那么职场生活的快乐还是会被发现的。控制自己的情绪，至少可以让我们平静地去看很多事情，很多问题。

情绪的波动是一大害处，它会让我们的荷尔蒙受到摧残，也会让我们失去理智。要保持好的情绪，就是能控制自己，以自己的远大目标定位，就可以化解很多的不满。

职场减压六招

1. 老板跟你争执不休，你觉得千斤压顶。

应对方法：最好的方法就是去趟洗手间。这样做会让你冷静下来，然后再问老板“我该如何完成这项工作？”人在压力下，不会取得好的沟通效果，适时地用上厕所当借口，既能避开争执，也能让人头脑清醒。

2. 亲人去世，你不知怎么办。

应对方法：每周专门抽两天出去转转，每次至少 10 分钟。等过几个月，如果还是觉得生活压力大，就去健身房吧，通过运动，内啡肽会帮你减压。

3. 每天的日程都满满当当，让你压力倍增。

应对方法：列出 10 条工作让你感到满足或感激的事情，看着它们，你会从中得到一种满足感，就不会觉得它是负担了。

4. 你是团队的核心，团队的命运在你手中。

应对方法：学会放松，最简单的方法就是：双脚并拢，并体会那种脚踏实地的感觉，然后慢慢调整呼吸，让呼吸均匀而平缓。

每天抽时间做做这样的放松训练，你就会感到压力减轻了不少。

5. 与别人约会或谈判，让你压力大。

应对方法：试图深入对方的生活，多了解他们生活中的喜好，这会让对方与你敞开心扉，你的压力也就释然了。

6. 孩子很焦虑，但不告诉你，你觉得压力很大。

应对方法：带他兜风。兜风是一种私密活动，除了谈心别无他事。开始随便聊，最后谈到你在他这么大时的困扰，他可能会倾诉自己的烦恼。

如何克服职场“依赖症”

在心理学上，依赖型人格泛指个人自主精神甚弱，独立意识缺乏。其表现为：极度渴求亲近感与归属感的满足，尽管这与可能真实的感情无关；为追求亲近感和归属感的满足，可以不惜放弃个人的尊严与地位；缺乏自主性和独创性，渴望得到他人的帮助，极大地克制自我的兴趣和欲望。

如何克服职场中的依赖现象呢，以下有几条小建议：

求助不如求教。明确自己是去求教的，而不是简单地求助，在经过别人教导后，问题还是要自己去解决，困难还是要自己去克服。这样拥有独立自主的心态，就会对自己的能力充满信心。

求结果不如求方法。不要一味简单地追求一事的解决，而是通过求教的过程，学会解决事务的方式方法，以激发自己的创造性和主动性，提升自己举一反三的思考能力。

变被动为主动。在职场中，不仅要积极请教别人，也要尝试去帮助别人，以此获得自我价值的平衡感，也有利于树立自身的独立形象，摆脱依赖他人的印象。

变接受为讨论。在对职场中的权威人士求教时，不要一味听从认同，而是要多方提问，积极讨论。在尊重对方的前提下，学会适度发问质疑，以培养自己的独立意识。

有容乃大。职场上没有绝对的胜者与输者。胜者要有危机意识，不要只懂得勇往直前，不懂得进退自如，输者要有生机意识，因为任何一次挫败经历都有可能带来个人的成长。无论输赢，个人的气量都很重要，有了气量就有了希望，有了希望就有了动力。

职场中最重要的五个人

第一个，导师、教练。他教给你实用的技巧、一定的工作经验，虽不是知识，但它可以给你指明方向。这个人可能是你的上司、前辈、学长。

第二个，陪练、同路人。任何人的成长都不是学出来的，而是学而习，习而成习惯练出来的。这个练的过程，是一个很苦的过程，是一系列简单动作的重复重复再重复，由量变成质变的过程。在这个过程中，一个人很难坚持下来，这时你需要一个同路人。他可以是和你有共同兴趣、共同目标的朋友，最好是你生命中所爱的人。

第三个，榜样。他是你人生的标杆。在你一生中，在不同阶段，会有不同的标杆，你向他学习，受他鼓舞，一步一步向他靠拢。最重要的是那个你看得到摸得着的人，你知道，不需要通过机遇，只需要通过努力就可以达到的榜样。

第四个，敌人、看不起你的人、拒绝过你的人。人不到绝境是不会有斗志的，你要证明他是错的，他会给你真正的动力。

第五个，最重要的人是你自己。这个世界上，失败的人除了天分太差之外，只有以下几点：懒，方向不对，方法不对，没有坚持。如果你自己做不到，就不要怪别人。

避免职场冲动

一、克制跳槽的冲动

面对职场停滞不前的发展，人们往往会寻求跳槽。但若是准备不足，跳槽不仅不利于事业的发展，反而还会使得事业搁浅。良好的跳槽规划应是三部曲：现状分析—跳槽规划—择机行动。而不应是盲目行动，负气出走。

二、 处理人际关系时的冲动

面对职场中同事间的矛盾冲突，人们也应该注意舒缓冲动，克制鲁莽。以下是几点注意事项：1. 在发泄愤怒前，先为自己的情绪降温，以推迟愤怒的发作；2. 换个环境，转移自己的注意力，或将注意力转移到自己身上，如关注自己的心跳等转移情绪；3. 培养沟通能力，以做到同感共情，在换位思维中平息愤怒；4. 多消耗体能，如打球、跑步、游泳、拳击等，以在运动中化解内心的不快。

三、 把完善人格进行到底

面对职场中的竞争，人们还需要不断优化自己的人格。而如何优化一个人的人格，则需要人们不断挑战自我。在这当中，人们要明确三点：人格是可以改变的，但这需要有坚定的决心与锲而不舍的努力；人格需要优化组合，但这需要有明确的自知之明与奋斗方向；人格的优化组合导致人格完善，但这需要自我的不断反省调整。

职场沟通三原则

职场沟通既包括如何发表自己的观点，也包括怎样倾听他人的意见。职场新人一般对所处的团队环境还不十分了解，在这种情况下，沟通要注意把握三个原则：

找准立场。职场新人要充分意识到自己是团队中的后来者，也是资历最浅的新手。新人在表达自己的想法时，应该尽量采用低调、迂回的方式。特别是当你的观点与其他同事有冲突时，表达自己的观点时也不要过于强调自我，应该更多地站在对方的立场考虑问题。

顺应风格。不同的企业文化、不同的管理制度、不同的业务部门，沟通风格都会有所不同。新人要注意观察团队中同事间的沟通风格，注意留心大家表达观点的方式。假如大家都是开诚布公，你也就有话直说；倘若大家都喜欢含蓄委婉，你也要注意一下说话的方式。

及时沟通。不管你性格如何，在工作中，时常注意沟通总比不沟通要好上许多。一般说来，性格外向、善于与他人交流的员工总是更受欢迎。新人要利用一切机会与领导、同事交流，在合适的时机说出自己的观点和想法。

职场面试五大“禁忌”

一忌缺乏自信。最明显的就是问“你们要几个人？”对用人单位来讲，问题不在于招几个，而是你有没有独一无二的实力和竞争力。“你们要不要女的？”这样询问的女性，是一种缺乏自信的表现。

二忌急问待遇。“你们的待遇怎么样？”有些应聘者一见面就急着问这些。谈论报酬待遇是你的权利，这无可厚非，关键要看准时机。一般在双方已有初步聘用意向时，再委婉地提出来。

三忌不合逻辑。面试的考官问：“你有何优缺点？”答曰：“我可以胜任一切工作。”这也不符合实际。如果这样说，在逻辑上讲不通。

四忌超出范围。“请问你们公司的规模有多大？你们未来5年的发展规划如何？”诸如此类的问题。这是求职者没有把自己的位置摆正，提出的问题已经超出了求职者应当提问的范围，会使主考官产生厌烦。

五忌不当反问。例如主考官问：“关于工资，你的期望值是多少？”应聘者反问：“你们打算出多少？”这样的反问就很不礼貌，好像是在谈判，容易引起主考官的不快。

如何才能成为职场红人

制造亲近机会。因为下属太过敬畏以致跟老板有沟通的心理障碍，老板只好独来独往，其实在大多数情况下，他都不愿意扮演这样的角色。主动抓住与老板相遇的机会，比如电梯、餐厅、走道等，轻松面对，便会渐入佳境。在老板眼中你自然也会比其他人亲近许多。

主动推销自己。公司里通常有这三类人。第一类，只肯做不愿说；第二类，不肯做只会说；第三类，既肯做又能说。哪一类最得老板欢心，没有人不清楚吧？那为什么还要固执地等待老板来殷殷垂询你的精辟见解或者光辉业绩呢？该“秀”的时候一定不要客气，而且要“秀”得精彩。

积极脱颖而出。要让老板知道你勤奋工作，并不一定要在办公室苦干到深夜。或许可以试试在夜晚12点或清晨6点给老板发封重要的邮件，没有人会询问你之前是否一直在工作。

外表职业化。没有令人足够信服的外表，又如何吸引别人探究你的能力呢？如果你是老板，会放心把一个拥有8位数预算的大客户交给一个衣服总是皱巴巴的下属打理吗？

职场如何防被“炒”

居安思危，事前防范。人在职场，建立预警系统十分必要。如能尽早得知裁员信息，就可以在裁员之前实施应对措施。建立预警系统，一要了解哪些人容易被裁，二要了解企业一般什么时候会裁员。公司裁员一般选择时机：公司经营管理不善、难以维持时；公司出现重大决策失误之际；一个基础项目竣工之后；春节前夕（可以减少红包、福利等支出）等。

多管齐下，事中化解。一旦意识到自己就要被“炒”，你首先可用“申诉”的权利。方法有：1. 找“说客”。因为自卖自夸的效果不一定好，如果能找个“有分量”的人替你美言几句，可以起到“一句顶十句”的作用。2. 直接向老板或主管“进谏”。因为在一些管理不够规范的公司，裁员有时就是一两个人根据自己的主观好恶做出的决定，具有一定片面性。如果你能拿出有说服力的事例，让老板觉得不应该炒你，事情或许就会有转机；而如果自己确实有过错，就要诚恳地承认错误，请求给予一个改正的机会，或许还会有一线生机。除了“申诉”之外，还可拿起法律武器维护自身权益。比如公司无端撕毁合同，或在女员工怀孕期间“炒鱿鱼”，可向劳动仲裁机关求助，或向法院起诉。

不言放弃，事后努力。当被辞退已成定局之时，仍然不要放弃，你还有起死回生的一招：把你的工作经验总结出来，把失败教训整理出来，把整改措施形成文字，再诚心实意地呈给老板。起死回生的概率取决于你的水平以及你对岗位的热爱程度。即使暂时没有达到预期效果，你也为将来“好马也吃回头草”奠定基础，可以说有百利而无一害。

职场锦囊　自身升值七大途径

一、发现自己的职业兴趣。一个人只有在从事他所热爱的职业时，在充分发挥自己的能力时，才能更快地取得成功，而成功是高薪的基础。所以，你应该清楚地了解自己，找准自己的位置，找出符合你的职业兴趣，能充分发挥你的专长的职业。

二、寻找快速成长或高回报的行业。你应该就你的职业方向进行研究，寻找快速成长或高回报的行业。

三、进入具有高绩效的企业。企业的高绩效是员工高薪的保证，因此，你要设法对你想要进入的企业进行了解。比如，它的组织结构是否合理，员工素质怎样，技术是否领先，产品在市场上的前景怎样，企业是否为员工提供长远的发展空间，等等。

四、在岗位上做出业绩。企业付给员工薪水，就是期望员工完成工作说明书所规定的职责。但如果你能做出更高的业绩，你就能获得比别人更高的薪水。

五、使你的绩效“可见化”。有的工作因为难以量化，或者有时因为管理者的疏忽，绩效不错却未必能得到相应的报酬。在创造绩效的同时，要力图使绩效“可见化”。比如，为自己建立绩效清单，内容包括任务内容及目标、任务结果绩效等，在年终考核面谈时，用于争取较高的绩效评估的有力证据。

六、在企业中谋求更高的职位。如果你能够成为团队的管理者，领导众人，创造绩效，高薪自然不在话下。

七、成为企业不可缺少的人。你应该时刻关注企业的发展趋势，了解行业的最新动态，并且思考企业在未来的发展趋势中，需要什么技术或才能，以便及早准备，使你的个人价值在持续挑战中水涨船高，使自己成为企业需要的人才。

职场失意五大检讨手册

检讨术之一：你喜欢算计别人吗？任何人都对别人的背后算计非常痛恨，算计别人也是职场中最危险的行为之一。这种行为所带来的后果，轻则被同事所唾弃，重则失去饭碗，甚至身败名裂。

检讨术之二：你经常会向别人妥协吗？在与同事的相处中不只有互相支持，还有互相竞争的成分。因此，恰当地使用接受与拒绝的态度相当重要。

检讨术之三：你喜欢过问别人的隐私吗？在一个文明的环境里，每个人都应该尊重别人的隐私。

检讨术之四：你经常带着情绪工作吗？如果你在工作中经常受到一些不愉快事件的影响，使自己情绪失控，那可犯了大忌。如果看到自己不喜欢的东西或事情就明显地表现出来，只会造成同事对你的反感。

检讨术之五：你会拒绝同事进入你的生活空间吗？如果只把同事当成工作伙伴是不对的。在你生活圈的朋友里面有自己的同事吗？如果没有，就要检讨一下自己对同事的交往态度了。

应对职场“更年期”

随着就业竞争激烈程度的日趋白炽化，35 岁的职场人士已经迈入了职场的“更年期”，该如何应对“更年期”，不妨看看下面的招数。

1. 积极社交。无论是选择与网友聊天或与客户共进午餐，还是参加一些志愿者社团的活动，都有助于开拓你的视野和思维。千万不要把自己关在家里为工作的事苦恼。

2. 与你信任的人约会。与你最信任的亲朋好友联系，告诉他们你的感受，尤其是工作上遇到的挫败、焦虑或者忧愁。把你的心事告诉他们，然后用心聆听他们的回应。

3. 休假。事实上，当你对工作产生了厌倦情绪时，你的工作效率就会大大降低。而当工作进展非常缓慢时，最好的办法就是把它停下来，把工作抛在脑后，让你的大脑稍作休息，然后它才可以重新启动。选择在家看书、听音乐或是出门旅游，这些都可以帮助你的大脑恢复活力，并且恢复对工作的兴趣。

4. 记日记。不要一味压抑你的坏情绪，把你对工作的抱怨都写在日记里，这是一个情感疏导的好方法。同时，你在写日记时其实也是在思考，也许当你写完一个月的日记后，你就会对自己是否该跳槽、转行有了一个清晰的决定。

5. 参加培训。在业余的时间给自己“充电”，以加强和丰富自己的职业技能。

职场成功心得

1. 工作时间不要与同事喋喋不休，这样做只能造成两个影响：一是那个喋喋不休的人觉得你也很清闲，二是别的人觉得你俩都很清闲。

2. 不要将公司的财物带回家，哪怕是一只废弃的椅子或鼠标垫。

3. 不做夸张的装扮。工作场合着厚厚的松糕鞋与有孔的牛仔裤，会让别人无法集中精神，也会制造出与业务工作极不相称的气氛。

4. 不要每日都是一张苦瓜脸，要试着从工作中找寻乐趣，从你的职业中找出令你感兴趣的工作方式并尝试多做一点。试着多一点热忱，可能你就只欠这么一点点。

5. 不要将个人的情绪发泄到公司的客户身上，哪怕是在电话里。在拿起电话前，先让自己冷静一下，然后用适当的问候语去接听办公桌上的电话。

6. 不要一到下班时间就消失得无影无踪，如果你未能在下班前将问题解决好，那你必须让人知道。如果你不能继续留下来帮忙，那你应于抵家后打电话回公司看看事情是否已得到解决。就算是平常的日子，在离开公司之前，向你的主管打声招呼也是好的。

职场必备的5个句式

1. 以最婉约的方式传递坏消息：我们似乎碰到一些状况……你刚刚得知一件非常重要的案子出了问题，如果立刻冲到上司的办公室里报告这个坏消息，就算与你无关，也只会让上司质疑你处理危机的能力。此时，你应该以不带情绪起伏的声调，从容不迫地说出本句型；要让上司觉得事情并非无法解决，而“我们”听起来像是你将与上司站在同一阵线，并肩作战。

2. 上司传唤时责无旁贷：我马上处理。冷静、迅速地做出这样的回答，会令上司直觉地认为你是名有效率的好部属；相反，犹豫不决的态度只会惹得工作本就繁重的上司不快。

3. 说服同事帮忙：这个报告没有你不行啦。有件棘手的工作，你无法独立完成，怎么开口才能让那个对这方面工作最拿手的同事心甘情愿地助你一臂之力呢？说出这个句型,送上一顶“高帽”，并保证他日必定有回报；那位好心人为了不负自己在这方面的名声，通常会答应你的请求。

4. 巧妙闪避你不知道的事：让我再认真地想一想，再给您答复好吗？上司问了你某个与业务有关的问题，而你不知该如何作答，千万不可以说“不知道”。本句型不仅暂时为你解危，也让上司认为你在这件事情上很用心。不过，事后可得做足功课，按时交出你的答复。

5. 面对批评要表现冷静：谢谢你告诉我，我会仔细考虑你的建议。自己的工作成果遭人修正或批评，的确是一件令人苦恼的事。不需要将不满的情绪写在脸上，不卑不亢的表现令你看起来更有自信、更值得人敬重，让人知道你并非是一个刚愎自用或是经不起挫折的人。

职场交际男女有别

你是否注意过自己和客户交谈的方式？在商务交往中，交谈显得尤为重要。以下是心理学家发现的男女沟通方法的不同之处：

1. 男性比女性更为饶舌。根据研究资料统计，对同一事情的叙述，女性平均使用的叙述时间为3分钟，而男性则多达13分钟。

2. 男性较女性喜欢在交谈中插嘴、打断别人的话。

3. 在谈话中，女性比男性更喜欢凝神注视谈话的对方，而男性则只从对方的言语中寻求理解。

4. 在谈话过程中，男性注重控制谈话的内容，以显示他的力量，女性则注重维持对话的延续。

5. 女性比男性更易将个人思想向别人诉说，男性自认为强者，故较少暴露自己。

6. 女性的谈话方式较男性生动活泼，而男性则只注重语言力量的表达。

7. 一般而言，女性显露笑容的机会较男性多。

女性的职场武器

第一是漂亮：女人要懂得怎么改变自己、弥补自己的先天不足，变得天生丽质。

第二是关心：女人的关心是世界上最容易让人感动的事情之一，不管她来自母亲、妻子、情人还是同事。你轻柔的一句问话，有时候能让被你关心的人记一辈子。

第三是镇定：女人好像天生难以镇定自若，但某些时刻你必须闲庭信步，那样老板和同事会觉得你是个与众不同的人才。

第四是文静：学会用微笑来回答或中断你认为会影响集体团结的问题和话题。

第五是自信：你更应该了解自己的能力不次于任何人。

第六是健康：健康是现代职业女性最锐利的职场武器，身体素质是最重要的。

女性职场交际锦囊

1. 合作与个人的看法无关。看问题容易带有强烈的个人色彩，是女性在工作中最易犯的大错误。但在职场上请记住：你的工作范围决不包括改变你同事的人品，或是你对他工作能力的评估。

对策：合作的目的其实很简单——得到订金和佣金。因此可适度地保留独特的见解和方案，只有在上司和客户在场的情况下才表达出来。

2. 对“不”字的解释，男女各不同。男人会把“不”看作是一种挑战，会立即思考，然后展开攻势说服上司；而女人天生的敏感和下意识的自我保护意识则首先会让她们联想到“自己不行了”。女人需要明白的是：有时上司的否定与你本身的聪慧和天赋毫不相关。对策：冷静地面对上司的否定，认真找出原因并制定修改计划。

3. 眼光放在高处。男人从不愿插手从事细节工作，美其名曰“女人才心细如发”。对策：明确自己最主要的职责，把主要精力放在研究项目可行性的调查中。

4. 他们的爱好也是你的。男人喜欢谈论体育、股票之类的话题，但他们即使不懂时装的流行趋势，也不妨碍他们与女同事的交流。而要想融入他们的圈子，你最好知道一些他们感兴趣的知识。对策：强迫自己看一些体育新闻和评论；甚至有时也可舍去逛街的机会陪他们一起去玩耍。

邮件发送求职简历四注意

一、千万不要把简历只放在附件里发出去。一个职位的招聘信息发出去后，会有大量的应聘邮件塞进邮箱，这对于负责应聘的工作人员来说简直是对耐心的巨大考验。打开附件需要一段“漫长”的时间，很可能就在这段时间里，工作人员终于不耐烦了，轻点鼠标“删除”了。

二、对照用人单位的要求写简历。写求职简历，有一个最简单的窍门，就是对照着用人单位刊登的职位招聘要求写。

三、用私人邮箱发主题鲜明的应聘邮件。每天都有大量的应聘信件，要在第一眼就和负责应聘的工作人员对上，建议在邮件主题上做点文章，突出自己的应聘优势。如要应聘的是市场部经理，对方要求是最好有 4A 广告公司经验，而你正好有，那么在邮件主题上就写上“具有 5 年 4A 广告公司市场部管理经验”。

四、在招聘网站填写资料时，姓名一栏加上简短的特长自述。如果是用招聘网站系统发送，建议求职者在填写招聘网站的资料，在姓名一栏加上非常简短的特长自述，因为他们是有字符限制的，所以只能是很简短的几个词。所以最好还是用自己的邮箱，发送的时候，可以不用附件形式。

接打求职电话有技巧

看到了一个心仪职位想及时与招聘方联系时要注意以下几点：

1. 选择恰当的时间。一般来说，应该在上午 9 ： 30~11 ： 00 以及下午 1 ： 30~4 ： 30 之间打电话较为合适。

2. 找到正确的人。求职者要注意广告上的联络人姓名，避免转接或误接。

3. 在安静的环境下通话。不要在喧嚣的马路或吵闹的环境下打电话，这样可以避免漏听、重复叙述的情况发生。

4. 准备通话要点。可以用简单的语言概括出自己符合职位的特长或技能，简明扼要地介绍自己的经验。询问招聘流程、面试时间等。

接到电话面试通知时，应做好以下几点：

1. 记清自己的简历内容。若接电话时正好手边有简历，记住一定要把它拿出来，对照着回答问题。一般来说，面试方会进行常规的简历信息核实。对于一些跳槽多次、工作经历复杂的求职者，对照着简历可以避免错报跳槽时间等内容，免得留下“不诚实”的印象。

2. 在手边准备纸和笔。不要绝对相信自己的记忆力，用笔记下面试的时间、地址和相关信息。

3. 注意语速。语速要注意尽量配合面试官的语速。同时注意不要抢话，要等对方提问完毕后才回答。

4. 控制语气语调。在通话时要态度谦虚、语调温和、口齿清晰。并且语气也应该配合对方。

求职外企　如何写简历

英美企业：直接明白。英语国家（美国、英国、澳大利亚等）的企业喜欢干脆利落，开门见山，因此求职者应在履历开头就明确写出求职目标。同时他们喜欢求职者的语言富有生气且言之有物，因此，你应写上一些精确的信息、具体的时间以及体现你特定方面能力的具体数字，或你为原来所在工作部门赢得的利润额等等。求职信最好控制在一页纸以内。

欧洲企业：慎谈年龄。欧洲人非常看重年龄，认为某些职业是有年龄限制的。例如你 60 岁时仍去申请销售一职，在欧洲几乎被认为是不可能的。另外，在有些欧洲国家中会有一些特别的习惯，例如 90% 的法国、意大利及德国企业内部流行笔迹测试，若你的求职信不是手写的，有些公司甚至拒绝阅读。

日资企业：强调合作精神。日资企业招聘，喜欢那些曾从事过团体活动的人。同时，应聘日本公司，最好在履历上最大限度地突出你所受的大学教育的细节。履历必须用日文书写，千万不要用英文。而且，日本人喜欢按时间顺序书写的履历，甚至可以从小学写起。经验对于日本人无关紧要，因为在公司以后的工作中就可学到；要强调的是你的合作精神而不是领导才能。

会被快速否决的几种求职者

纠缠不休者不要。招聘都遵循一定的流程，说几时给消息就几时给，说了非请勿“电”、非请勿访就是不欢迎来电、来访，如果仍然纠缠不休，只能对你说拜拜。

穿着邋遢者不要。不需要穿名牌，但最起码要保持衣着的干净、整洁。扮酷？对不起，你用错了地方。

自吹自擂者不要。还没进门就翘尾巴，进门后还不飞上天？这样的人会影响公司的工作氛围，出局没商量。

没有诚意者不要。有的人一边表达想进入公司的渴望，一边暗示自己在等考研结果，或说要看另一家公司是否录用。既然你给自己留了这么多后路，应该不在乎被招聘企业拒绝。

弄虚作假者不要。只要发现有一处作假，就会觉得你处处作假。一个连诚实都做不到的人，企业拿什么信任你？

简历啰嗦者不要。既然是简历，就不要搞得太复杂，一两张纸足矣。如果人人都是鸿篇巨制，考官没时间看完，还能做出正确判断吗？

求职简历哪些内容不能写

一、离婚。把“离婚”放在简历中，就立即使你贴上失败者的标记。失败不足为奇，只是程度大小和是否能平衡的问题而已。但简历不适合表达这些观点。

二、误导的工作头衔。误导的工作头衔也使你看起来像是个失败者。例如，现任工作：营销经理；前任工作：营销总经理；前前任工作：营销经理。为什么你会从“营销总经理”调回原职“营销经理”呢？对此你或许有充足的理由，可并不适宜在求职信上详细说明。

三、薪水。1. 老板将知道你目前的薪水比他们愿意付的高。即使你可能自愿降薪，但是你也不会有面谈表达意愿的机会，因为他们会觉得你是在利用他们“填补空缺”。2. 老板将会知道你目前的薪水远比他们愿意付出的低。你可能有了面谈的机会，但是你薪金的筹码大大削弱了。

高龄求职者求职策略

突出经验，将优势最大化。无论是在简历等求职资料上，还是在面试时都要着重说明这一点。

打破常规，直接面试。一般来说，不少的用人单位一看到求职者简历上的岁数大于 35 岁的都有可能不被约见面试，如果这样则一点机会都没有了。其实，我们大可以不用常规的求职方法去求职，而应独辟蹊径，用另一种方法去求职：收集所有你认为适合自己企业的人事经理电话号码以及地址等资料，然后打电话到相关企业询问需不需要像你这样的人才。如果说需要则要立即约对方去面试。

面试有技巧：1. 35 岁以上的人不受欢迎的一个重要原因是给人感觉家庭压力较重，在工作上花费的精力会不如年轻人多，为了消除其在这方面的顾虑，面试前要注意修饰仪表，同时要表现出积极的工作态度和旺盛的斗志，打消对方的顾虑。2. 自己不要先输在年龄上。如果想让自己的年龄不成为求职的障碍，面试时就要让对方明白，自己平时很注意对新知识的了解和学习。因为无论你学历如何高，资历如何好，工作经验如何丰富，当人事主管发现求职者的学习能力已经处于停滞不前的状态时，一般都不会有好感。

求职：最受欢迎的八大技能

以下是美国劳工部公布的最受雇主欢迎的技能：

一、解决问题的能力。那些能够发现问题、解决问题并迅速作出有效决断的人行情将持续升温。

二、专业技能。现在，技术已经进入了人类活动的所有领域，很多领域需要大量的专业人员。

三、沟通能力。一个公司的成功很多时候取决于全体职员能否团结协作。因此，人力资源经理、人事部门官员和管理决策部门必须尽量了解职员的需求并在允许的范围内尽量予以满足。

四、计算机编程技能。如果你能够利用计算机编程的方法满足某个公司的特定需要，那么你获得工作的机会将大大增加。

五、培训技能。能够在教育、社区服务、管理协调和商业方面进行培训的人才，需求量逐年增加。

六、理财能力。随着平均寿命的延长，每个人都必须仔细审核自己的投资计划。投资经纪人、证券交易员、退休规划者、会计等职业的需求量也将继续增加。

七、信息管理能力。在信息时代，掌握信息管理能力在绝大多数行业来说是必需的。系统分析员、信息技术员、数据库管理员以及通信工程师等掌握信息管理能力的人才将会非常吃香。

八、商业管理能力。在美国，掌握成功运作一个公司的方法是至关重要的。这方面最核心的技能一方面是人员管理、系统管理、资源管理和融资的能力；另一方面是要了解客户的需要并迅速将这些需要转化为商机。

女性求职如何面对提问

你如何看待晚婚、晚育的观点?

建议回答："谁都希望鱼和熊掌能够兼得，当二者不能同时得到的时候，在一段时间内我会选择工作，因为拥有了一份好的工作，将来培养孩子就会有更为坚实的经济基础。我想总会有合适的时候让我二者兼得，至于什么时候最合适，相信上司一定会帮我考虑的。"这样的回答或许真能提醒上司为你考虑这个问题。

家庭与事业之间存在着难以克服的矛盾吗?

建议回答："我以为无论在工作上，还是在家庭中，女性的最大目标都是要使自己活得有价值。虽然我是一个很想通过工作来证实自己的能力、来体现活着的意义的人，但谁能说那些相夫教子培养出大学生、博士生的农家妇女活着就没有价值呢?更何况一个成功男人的背后往往站着一位伟大的女性的说法早已为世人所认同。"这种回答能恰到好处地体现出女性特有的刚柔相济的特征。

你喜欢出差吗?

建议回答："只要公司需要出差，我义无反顾。出差很可能会成为我今后工作的一部分，这一点在我来应聘前，家人早就告诉我了。”考官提出这个问题并不是真的想问你喜不喜欢出差，只是为了看你的工作态度。工作需要时，你不喜欢出差也得出。

面试四件事别撒谎

如今就业竞争越来越激烈，为了赢得面试官的“芳心”，不少求职者会适当地“伪装”一下自己，但是，以下四件事情面试的时候千万别撒谎。

1. 住的地方离公司很近。在面试的时候，如果你住得远，最好不要隐瞒。你可以告诉面试官你现在的住址，但是让他们知道，你愿意为了这份工作而搬家。如果你住得很远却说自己住在公司附近，那么在之后几轮的面试中，面试官可能不会提前很久通知你，这样你就会少了很多准备的时间，而且还面临着订不到车票和酒店的情况。

2. 上一份工作的待遇很高。如果面试官问你上一份工作的待遇，你一定要如实回答，有的老板甚至要求你拿出工资条的复印件来核实，如果你虚报的话，面试官会觉得你缺乏职业道德。如果你不想谈待遇，告诉面试官，你原来薪酬多少不会影响到这份工作。

3. 我的平均成绩很好。不要认为把平均成绩说高一点，就会让你被录取。有些公司会向你索取学校或者你原单位所提供的平均成绩单的复印件。

4. 我不是被炒鱿鱼的。如果你是被炒鱿鱼的，不要害怕让面试官知道这个事实，让他们知道你从上一份工作中学到了什么就够了。

面试注意六要点

1. 不要先坐到椅子上

面试一般都会提供椅子，求职者可坐着与考官交流，但是如果你先面试官一步坐下，就会显得没有礼貌。其他一些肢体语言也要注意，例如坐直并保持目光接触，面试官讲话时要点头或说“嗯”以表示认同，保持微笑，不要打断面试官的话。

2. 不要乱放自己的简历和随身物品

把自己的东西随意放在别人的办公桌上是不礼貌的行为，如果是重要文件，最好是用双手亲自交给面试官。

3. 不要过分慷慨陈词而忽略实例

一些应试者乐于大谈个人成就、技能等，聪明的面试官一旦反问：“能举一两个例子吗？”应试者便无言应对，而面试官恰恰认为事实胜于雄辩。

4. 回答尴尬问题要诚恳

面试官常常会提出一些可能让你感到为难、尴尬的问题，例如“你为什么两年中换了3次工作？”一些求职者就会躲闪敷衍，面试中，无论遇到什么问题，都要展现出你积极诚恳的态度。

5. 不要假扮完美

面试官常常会问你性格上有什么弱点？遭遇过什么失败和挫折？有些求职者会因为自负或想掩饰缺点而回答“没有”。其实这种回答恰恰是对自己极为不利的。没有人没有弱点，没有人没有受过挫折，只有充分地认识到自己的弱点，才能造就真正成熟的人格。

6. 不知如何收场

很多求职应试者面试接近尾声时，因为预知成功的兴奋或失败的恐惧，会有些手足无措，不知如何收场。面试结束时，作为应试者，你可以充满热情地告诉面试者你对此职位感兴趣，并询问下一步是什么，面带微笑地谢谢面试官的接待及对你的考虑，有礼貌地说再见，然后缓慢转身离场，切忌匆忙离席。

面试成功六技巧

一、 自我介绍不超两分钟。面试者自我介绍的内容要与个人简历相一致，表述方式上尽量采用口语化，注意内容简洁，切中要害，不谈无关、无用的内容，条理要清晰，层次要分明。自我介绍不能超过 2 分钟。

二、强调温馨和睦的家庭氛围。面对“谈谈你的家庭情况”此类问题时，一般只需介绍父母，如果亲属和应聘的行业有关系的也可介绍。回答时注意强调温馨和睦的家庭氛围，父母对自己教育方面的重视，各位家庭成员的良好状况，以及家庭成员对自己工作的支持和自己对家庭的责任感。

三、用开朗合作的爱好点缀形象。对“谈谈你的业余爱好”这道题时，面试者谈爱好时最好不要说自己仅限于读书、听音乐、上网等一个人做的事，这样可能会令面试官怀疑应聘者性格孤僻，最好能有一些如篮球、羽毛球等在户外和大家一起做的业余爱好来“点缀”自己的形象，突出面试者的乐群性和协作能力。

四、说与工作“无关紧要”的缺点。当考官问到你的缺点时，面试者可以说出一些对于所应聘工作“无关紧要”的缺点，甚至是一些表面上看是缺点，从工作的角度看却是优点的缺点。

五、 尽量回避待遇问题。考官问到“你为什么选择我们公司？”面试者最好不要说太多待遇好等，可以说“我十分看好贵公司所在的行业，我认为贵公司十分重视人才，而且这项工作很适合我，相信自己一定能做好。”

六、遇到提问陷阱采用迂回战术。“如果我录用你，你将怎样开展工作？”这是一道陷阱题，如果应聘者对于应聘的职位缺乏足够的了解，最好不要直接说出自己开展工作的具体办法，以免引起不良的效果。面试者可以尝试采用迂回战术来回答，如“首先听取领导的指示和要求,然后就有关情况进行了解和熟悉，接下来制定一份近期的工作计划并报领导批准，最后根据计划开展工作。”

面试后该做些什么

面试之后好久都没有音信，怎么办？一般来说面试过后一个星期没有回复是很正常的。如果 10 天以后仍然没有回音，可以致信招聘公司主持面试的人员询问一下情况。一是提醒一下招聘方，表示自己对这个公司很感兴趣；二是在面试官难以作出判断时，你的信件可能为自己增加入选的机会。在此不推荐打电话询问，一是打电话可能干扰别人的工作；二是如果招聘方感觉不便回答可能陷于尴尬；三是会显得自己太着急。

面试过后还要做一些什么后续工作？第一次面试后，如果有把握进入第二轮面试，那么就应该积极为第二轮面试作准备。这个准备包括：对公司整体框架和经营状况的了解，对自己要应聘的职位的职责范围和能力要求的了解。通常情况下，第一轮面试主要由人力资源管理部门主持,主要考察应聘者个人的基本素质、教育背景和个性气质等总体状况与应聘职位的匹配程度。而第二轮面试就主要集中在具体职位上，一般由主管上司来主持，主要考察应聘者与职位相关的实际工作能力、业务水平和实践经验等。如果你觉得还缺乏一些实践经验，必要时可以向已有相关行业背景及有工作经验的人打听了解。

如果第一次面试没有发挥好，但是又很想得到这个机会，可不可以再争取一次机会？一般来说第一轮面试招聘方看的是整体素质。面试发挥不好可能有几种原因，如承受压力能力不强、应变能力不够或对工作性质不熟悉等。如果觉得自己发挥不好，可以在给招聘公司的感谢信中提一提，说明一下自己发挥不好的原因，是生病了还是受了别的什么干扰。但不必特意大书特书，这样反而加深了别人对你面试发挥不佳的印象。

后 记

《中国剪报》创刊已届而立之年，为了感恩广大读者三十年来的相伴与厚爱，我们编发了两套十六册精选丛书，其中，《中国剪报》精选八册，《特别文摘》精选八册。丛书所编文章全部源自《中国剪报》报纸和《特别文摘》杂志，并按专题分类编辑，一书一专题，与报纸杂志专题栏目相对应，以方便读者阅读与收藏。

三十年来，我们已编辑出版《中国剪报》《特别文摘》一报一刊的文字总量约 1.8 亿，本书从中精选出 400 余万字与读者分享。当下，浏览式、碎片化阅读方式流行，我们编撰丛书旨在倡导纸质阅读，引导数字阅读，让梦想与阅读相伴，激情与沉思交替。读书是个人的事，也是社会的事，一个喜欢读书的人，有助于养成沉静、豁达的气质。一个书香充盈的社会，必会有一个向上向善的文明生态。俄裔美籍作家布罗茨基有一句名言：“一个不读书的民族，是没有希望的民族。”读书应是人类为了生存和培养竞争能力而行走的必要途径，更是一种社会责任和担当。正是缘于这份责任和担当，剪报人三十年如一日，朝乾夕惕，孜孜不怠地编好报、出好刊，让报刊更多散发着知识魅力、学养魅力和品格魅力，涵养着读书种子生生不息。

丛书编罢，掩卷感恩。首要感恩读者朋友，是你们成就了《中国剪报》三十年辉煌；还要感恩作者，是你们的神来之笔，诠释了生活的真谛，让过往的岁月留下深刻的印记；还要感恩编者，《中国剪报》《特别文摘》的编辑队伍是一支有理想、有抱负、有责任、有担当的优秀团队，其中多数同志受过新闻或中文的研究生学历教育，多年来，他们选编的文章深受广大读者朋友的喜爱；还要感恩新华通讯社对外新闻编辑部原主任、高级记者杨继刚先生为全书的编辑给予了悉心指导；还要感恩新华出版社总编辑要力石先生为丛书的选编、版式、装帧等给予了热忱帮助；还要感恩著名散文大家、人民日报原副总编辑梁衡先生在百忙之中为本书撰写精美的序言；还要感恩梁霄羽先生为丛书的编辑出版付出了大量的辛勤劳动。

丛书付梓，值此，谨向三十年来所有关心和支持《中国剪报》《特别文摘》事业发展的领导和朋友们表示诚挚的谢意！

限于编者水平，本书尚有疏漏之处，恳请批评、教正；尚有部分原作者未及告之，恳请见谅并联系我们，以便寄付稿酬。

阅读有爱，传书有情。当您手里摩挲着这套丛书时，愿您喜爱她，让书香怀袖，含英咀华，滋养浩然之气！

编者

2015 年 5 月 4 日